航空维修安全研究丛书

航空维修差错
管理与控制

主　编　王端民
副主编　郭建胜
编　委　王晓宏　赵录峰　杨　骥

国防工业出版社

·北京·

内 容 简 介

本书通过大量的实例,深入地分析了航空维修差错的基本概念、航空维修差错的分类和及其特点;分析了航空维修差错研究的差错致因理论、人的认知可靠性理论和人的安全行为理论;从文献资料、时间压力、工具保管与控制、协作配合与沟通、工具和设备、疲劳、知识与经验、不良程序、不使用程序以及个人观念等方面全面细致地分析了造成维修差错的原因;从维修差错管理原则、人员与团队措施、工作场所和任务措施、组织措施以及对差错管理的管理等方面系统探讨了航空维修差错管理措施;从安全系统控制方法、安全行为嵌套控制方法、事件链控制方法、基本危险控制路径、维修安全性控制等五个方面探讨了航空维修差错的控制措施,最后给出了航空维修差错典型案例。本书对于航空维修领域中从事管理、监督或执行维修活动的各类人员理解维修差错管理的思路、控制维修差错事故的发生都具有一定的参考价值。

图书在版编目(CIP)数据

航空维修差错管理与控制/王端民主编.—北京:国防工业出版社,2022.8 重印
(航空维修安全研究丛书)
ISBN 978-7-118-08891-5

Ⅰ.①航… Ⅱ.①王… Ⅲ.①航空器-维修-管理-研究 Ⅳ.①V267

中国版本图书馆 CIP 数据核字(2014)第 042184 号

※

国防工业出版社出版发行
(北京市海淀区紫竹院南路 23 号 邮政编码 100048)
北京虎彩文化传播有限公司印刷
新华书店经售
*
开本 710×1000 1/16 印张 11¾ 字数 195 千字
2022 年 8 月第 1 版第 2 次印刷 印数 2501—2800 册 定价 58.00 元

(本书如有印装错误,我社负责调换)

国防书店:(010)88540777   发行邮购:(010)88540776
发行传真:(010)88540755   发行业务:(010)88540717

序一

　　航空维修安全是航空安全的重要组成部分,航空维修安全工作在航空维修工作中的地位作用十分重要。航空维修安全工作要以系统理论作指导,预防航空维修事故要遵循该行业领域的特点规律。

　　《航空维修安全导论》、《航空维修安全分析与评价》、《航空维修差错管理与控制》、《航空维修事故预防与监控》和《航空装备危险源管理》五本书,从航空维修安全理论、思想、技术、方法、管理、文化,到航空维修差错因素分析、控制方法、管理理论、事故预防、事故处理,以及航空维修危险性分析、安全性评价、综合性评估和航空装备危险源辨识、管理、控制、预警机制研究等全方位入手,紧紧围绕航空维修安全这条主线,在安全科学理论的指导下,进行深入的故障机理和人为差错机理研究,为提高航空维修安全工作的针对性和有效性奠定理论基础;在安全发展科学方法的支持下,对大量故障数据进行宏观数理统计分析,通过把握统计规律去认识飞机故障常见的早期故障、随机故障、损耗故障形态等故障规律和安全规律,为实现安全、可靠、经济的科学维修提供技术支撑。

　　这套丛书的付梓出版,是一件非常值得高兴的事,应该说这是我们空军装备系统在航空维修安全领域做的一件极具理论研究价值和现实指导意义的开创性工作,它必将为系统预防和有效控制航空维修安全事故,为航空维修安全建设与发展等装备实践活动产生深远的影响。

　　空军是高技术高风险军种,从诞生之日起,提高战斗力与保证飞行安全就相伴相生。从一定意义上讲,空军战斗力的成长史,就是一部与飞行事故的斗争史。总结中外空军历史教训,分析飞行与维修安全事故,统计数据表明:设计和制造的差错,会使飞机留下缺陷和隐患;地勤维护人员的差错,会直接导致机电失效;空勤人员的差错,会直接导致操作失误;场务保障、指挥人员、气象预报等的差错,会直接导致飞机进入非预期的应力环境,从而导致意外飞行事故的发生。这些设计中的缺陷、操作中的错误、指挥中的失误、人为的差错,在不同的阶段,或个别或综合地成为飞行安全的杀手,映射出飞行安全和维修保障的复杂性和综合化。

分析近十年来发生的严重飞行事故,固然有装备本身故障率高、稳定性、可靠性和安全性不足的问题,但多数还是使用不正确、管理不严格、维护不精细造成的。从思想根源上讲,就是缺乏强烈的安全意识和风险意识,对新装备往往看技术先进、操纵性能好、安全系数大的一面多,而对其结构复杂、系统复杂的特点认识不到位,安全警觉性不高;对战备训练、重大军事行动往往考虑完成任务多,而对可能遇到的安全隐患估计不足、防范不力;对做好新形势下的安全工作往往是提泛泛要求多,而对面临的新情况新问题研究不够,防范的预见性、科学性和有效性不强,这些原因是造成事故案件多发的根本问题。

当前,空军建设正处在战略转型发展的重要时期,高新武器装备大量列装,军事斗争准备加速推进,重大军事演习接连不断,影响安全的不确定因素明显增多。特别是航空装备质量和维修安全工作,正面临着问题最多、困难最大、矛盾最集中的严峻挑战,装备新老并存、多代并存、试验试用与正式列编并存、进口与国产兼有、机械化与信息化复合发展等。新装备、新理论、新技术的消化吸收,新体制、新模式、新机制的探索实践,新情况、新问题、新课题的亟待研究,对领导机关,对一线部队,对全体官兵,都是全新的考验和磨练。

因此,从事航空装备维修保障的工作人员,要认真研究由于装备的技术复杂性和信息化程度的日益提高,由于装备的多代并存和事故诱因的多种多样,由于人员素质不适应装备发展和作战训练方式的重大变化,由于主战平台的高技术化和攻防对抗的装备体系化等等原因,导致安全事故"事件链"延长、安全事故"预防点"前移、安全形势"滞后期"明显、安全工作"互动性"突出、军事训练"风险性"扩大和装备保障"复杂性"加剧的特点规律;要综合运用辩证思维和系统科学的方法,着眼国内外、军内外航空维修安全的历史和现实问题,总结历史经验,概括特点规律,创新理论方法,探寻技术途径,对航空维修安全的理论与实践问题进行专题探索和体系研究,认真思考如何运用现代质量观、系统安全观等先进的管理理念和管理方式,结合航空维修安全理论与技术的深化研究,最大限度地降低维修差错发生的概率,最大可能地预防和控制维修事故这一航空维修领域亟需破解的重大现实课题。

即将出版的这套丛书,在这一领域开了个好头,迈出了可喜的一步。航空装备维修战线的各级干部有必要抽出时间系统地阅读一下这套丛书,从中汲取营养和智慧,学习理论和技术,掌握规律和方法,在具体工作中以科学为准绳从源头上把住装备设计制造质量关,以质量为标准从出口处把住飞机维修翻修质量关,以法规为依据从一线中把住装备保障维护质量关,与此同步完善质量能监督、安全能监控的组织管理机制,健全质量有标准、安全有规范的制度管理机制,实行质量要问责、安全要问效的绩效管理机制,努力开创空军航空装备质量和维修安全工作的新局面。只要我们以科学理论为先导,以技术进步为推动,紧紧盯住质量源头、大修质量和保障一线这三个最重要的质量关口,不断完善监督有力、监控有效、执行有法的质量安全长效管理机制,相信我们的航空装备维修质量安全工作就一定会上到一个新的台阶,收获不菲的工作成效。

空军工程大学教授　科学院士　李应红

2014 年 2 月 15 日

序二

　　航空维修是复杂的系统工程,面对的是系统高度综合、部件复杂精密的高科技装备,所处的是人、机、环、管诸多因素错综复杂、纵横交织,以及各类危险源比比皆是的生态环境,往往由于安全意识薄弱、维修水平不高、质量把关不严、管理机制松懈等原因,导致维修差错经常出现,不安全事件屡屡发生,影响和制约装备的安全使用和飞机的安全飞行,成为困扰航空维修安全管理与控制由来已久的顽疾难症。如何提高安全管理和技术水平,用现代质量观、系统安全观等先进的管理理念和管理方式,最大限度地降低维修差错发生的概率,最大可能地预防和控制维修事故,是航空维修领域必须致力研究和亟需解决的重大现实课题。

　　因此,以航空维修安全为主线,系统谋划航空维修安全领域基础理论与方法技术的体系研究,从航空维修安全理论、安全思想、安全技术、安全方法、安全分析、安全管理、安全文化,到航空维修差错因素分析、差错控制方法、差错管理理论、差错事故预防、差错事故处理,以及航空维修危险性分析、安全性评价、综合性评估和危险源辨识、危险源管理、危险源控制、危险源预警机制研究等全方位入手,体系化编写《航空维修安全研究丛书》,是一件极具理论研究价值和现实指导意义的开创性工作。

　　编写这套丛书的目的是让"以质量为核心,大力推进精心维修、依法维修、科学维修,努力实现个人维修零差错、单位保障零事故"的航空维修安全观落在理论研究与工作实践的实处,让安全发展理念成为推动航空维修安全研究深入发展的思想动力。为此,这套丛书的编写,紧紧围绕航空维修安全这根主线,一方面在安全科学理论(事故致因理论、风险控制理论、安全行为理论、安全管理理论和嵌套安全控制理论、人为差错机理理论、装备故障机理理论等)的指导下,进行深入的故障机理和人为差错机理研究,准确描述故障产生和发展的过程,科学确定预防措施和时机,合理降低维修工作量,为提高维修工作的针对性和有效性奠定理论基础;另一方面是在安全发展科学方法(统筹优化法、综合评价法、信息分析法、目标管理法、机制决策法、预先实践法、预测分析法、装备运筹学方法等)的支持下,对大量故障数据进行宏观数理统计分析,形成清晰的统计规律,通过把握统计规律去认识飞机故障常见的早期故障形态、随机故障形态、损耗故障形态等故障规律和安全规律,科学确定维修内容,为实现安全、可靠、经济的精心维修、依法维修和科学维修提供技术支撑。

这套丛书包括《航空维修安全导论》、《航空维修安全分析与评价》、《航空维修差错管理与控制》、《航空维修事故预防与监控》和《航空装备危险源管理》五册,定位为专业教科书、工作指导书、技术工具书三位一体的综合集约书,用系统科学的思维方式和综合集成的编写方法著述,希冀对航空维修安全工作起到系统理论支撑、技术方法咨询和操作实践指导的作用。我们相信这套丛书的出版,对航空维修安全管理与应用研究的深入发展将起到一定的推动和促进作用。

丛书编写委员会

2014 年 1 月

前　言

从 20 世纪 90 年代中期起,国外人为因素理论开始在我国传播。这些理论中的代表性观点主要有海恩法则、墨菲定律和事故链原理等。海恩法则认为,每一个事故背后隐藏着 320 个小事故和隐患。通俗地说,表现出来的事故只是冰山一角。因此,调查人为差错不能只调查发生的事故,更应调查事故背后的各种隐患。墨菲定律认为,会发生事故的地方一定会发生事故。事故链原理则认为,一个事故是因若干个环节在连续时间内出现缺陷,由众多个体性的缺陷构成了整个安全体系失效所致。波音公司着眼于事故发生后的全方位调查,从操作者、工具设施、管理制度和环境影响等方面进行调查,找到原因后进行改正。普惠公司的人为因素理论也要求进行类似调查,但强调改善管理,发挥员工的积极性,实现更好的效益,并由此设计了一系列措施。这些理论有一些合理内核更值得我们深思。

首先,人都不是有意犯错误的。任何一个正常的维修人员都不会有意犯错误。这个简单的真理是所有国外人为因素理论的出发点和前提。正是在这样的认识指导下,才导致了上述理论的产生,才使国外先进的航空公司和飞机维修公司在差错产生以后科学理性地认识差错,广泛深入地调查差错的原因,真正做到"吃一堑,长一智"和"防患于未然"。

在国内,由于对社会化大生产认识的不足,对现代飞机维修系统的复杂性的认识不足,以及由于过去长期盛行的片面强调人的主观能动性的做法和制度的影响,因此在预防事故、事故调查上总是过分强调当事者个体的责任,在潜意识中总是将出了差错的维修人员置于有意犯错的位置上。而在差错的处理上,则过分强调处理措施的影响,希望通过严肃处理一两个人来达到杀一儆百、求得整体安全的结果。这样做的结果是掩盖了导致差错产生的系统性原因,短期内由于维修人员整体的注意力的提高而安全水平有所提高,长期却无法避免差错和事故的重复发生。另一方面,在差错调查上先入为主将维修人员置于被告位置的做法,在事故处理上牺牲一人以警醒大家的指导思路和矫枉过正的做法必然使维修人员视一线操作为畏途,使敷衍塞责成为维修人员的生存法则。根本而言,这种做法损害了一线维修人员的自信心、责任感和对组织的信任,违背了以人为本的原则。因此,要真正减少人为差错,就必须正确认识人的主观能动性,正确认识制度环境对人的影响,在源头上拨乱反正,回归到科学、理性的道路上来。

其次,管理层不是不会犯错误的。人都不是有意犯错误的,从这点出发,国外人为因素理论认为,整个维修系统对差错的产生都可能负责任,没有单纯的某一环节出错而酿成事故。因此,管理层也需要从自身来查找原因。这个认识对我们有很重要的启发作用。国外人为因素理论把领导者也看作是安全管理系统的一个环节,而不是高踞于系统之上。领导者既影响系统,又受到系统的制约。在预防人为差错的问题上,领导层的责任主要在于按照既定的制度框架,协调各个环节,提高系统预防差错的效率,努力消除可能导致安全风险的缺陷,从而减少差错发生的概率。当然,如果制度错了,就改制度。因此,在查找差错原因时,领导层不能事先置于无错的位置上,应像其他环节一样接受调查。

最后,惩罚不是减少、杜绝差错的必要手段。由以上观点出发,国外人为因素理论普遍认为,惩罚不是必需的手段,并且可能无助于解决问题。为防止差错的再次发生,最好的办法是找到真正发生问题的病灶。因此,它们并不主张惩罚维修人员。相对而言,我们在差错、事故发生后,眼睛盯着的是该惩罚谁,而不是寻找事情发生的真正原因。实践中不少单位寻找差错的原因也主要是为惩罚寻找依据。国外人为因素理论和实践是把找到差错原因并确实纠正差错作为一个调查的终结,而我们往往是把惩罚作为一个差错调查的归宿。由于在分清谁的责任、权衡各种得失上牵扯了大量的精力,寻找问题真正的原因反而被忽视了。也就是说,国外的人为因素理论及实践强调的是举一反三、正本清源,而我们现行的做法则是本末倒置、缘木求鱼。

以上是国外人为因素理论内容上的合理内核。这些理论研究方法上的多样性和强调定量分析问题的做法,构成了国外人为因素理论的科学性。

《航空维修差错管理与控制》正是合理吸收国外人为因素理论的合理内核,来研究航空维修差错及其规律的一本书,是安全科学基础理论的重要组成部分,也是专门研究航空维修工作中直接影响装备维修质量与安全的一门学科。这门学科主要对航空维修工作中的各类差错进行科学系统地分析,揭示其产生原因、发生机理和内在规律,总结空军维修差错管理与控制的基本经验和有益做法,找出有效预防航空维修差错的系统对策和办法，从而达到减少维修差错，提高航空维修工作质量，促进空军维修工作健康持续发展的目的。

在本书的编著过程中，得到空军装备部外场部、空军工程大学等单位领导和专家学者的大力支持和审读把关，对他们的辛勤劳动和大力支持表示诚挚谢意。同时，本书参考、吸纳了国内外、军内外安全学科和相关学科领域专家学者的理论研究成果，我们对这些成果的创造者表示敬意，并对这些成果为本书提供参考和引用深表谢意。

本书由王端民担任主编，郭建胜担任副主编，全书由王端民、郭建胜统稿。郭建胜在本书内容规划和制定纲目方面做了扎实细致的工作，为本书的形成奠定了扎实的基础。本书第1章~第4章由王端民编写，第5章由王晓宏编写，第6章由赵录峰、杨骥编写。

研究方法上的多样性和强调定量分析问题的做法构成了国外人为因素理论的科学性。但这些理论产生的条件和土壤及与我国实际尚有巨大差别。在充分研究我国航空维修差错管理与控制的特点、密切结合实际方面，还有很长的一段路要走。本书的概念界定、理论体系、方法体系都还需要进一步研究和完善，加之我们能力和水平有限，书中不妥之处在所难免，恳请读者批评指正。

作者
2014 年 1 月

目　录

第1章 概 述

航空维修保障工作中，维修差错的发生比率大、涉及面广、影响安全直接、产生后果严重，已成为当前危及空、地安全的主要问题之一，据统计，约 1/3 的维修责任事故与维修差错有关，因此，研究、预防和减少维修差错已成为进行维修改革需要解决的重大课题。

1.1 航空维修差错的基本概念

1.1.1 人为因素

人为因素是优化技术与人之间关系的规范。人为因素的最重要方法是将人的性格和品行的有关信息应用到人们使用的物品、设备和环境的设计中。人为因素的目标是将知识应用于设计工作系统，以适应人的行为的局限性，以及在各过程中发挥人类操作者的优势。

1.1.2 差错

差错是计划行动未能到达预期目标，它是在没有不可预见的或偶然干扰情况下发生的。

定义中的附加限制很重要，因为它将可控制的，或者主动的行为同偶然的行为区分开来(无论好坏)。例如，如果一大块太空碎片突然从天而降将你击倒，使你可能无法到达预定的目的地，我们不能说这就是差错。相反，某人打高尔夫球，把球击偏了，结果击中了一只偶尔飞过的鸟，然后球滚进洞里，目的显然是达到了，但是其行为仍然是错误的。

所有的差错都涉及到某种类型的偏离——偏离了预定的行为过程、偏离了实现预定目标的行为路径，或行为中偏离了适当的运行程序。有时，这些偏离中涉及到违犯法则，例如超速驾驶。在本书中，我们将违规视为单独的一个类别，尽管它们可能是由于失误而犯下的。

原计划的行为无法达到目的的方式基本上有如下 3 种。

(1) 行为计划完全正确，但是行为本身没有按计划进行。这类差错称为基于技能的差错，包括过失、失误等。基于技能的差错涉及到注意力(过失)和记忆(失误)的失效。

(2) 行为可能完全按计划进行，但是计划本身并不足以达到预定目标。

这类差错称为错误。它们可以分为两类：基于规则的错误和基于知识的错误。过失和失误发生在执行层，而错误则是在处理问题时产生(偏离了预定行为过程)，涉及到制定计划层次的失效。

(3) 行为还可能有意偏离了安全的工作方法。这类偏离可能涉及到违反正式的规则和程序，但也可能是违反了未成文的规范或标准操作。

以下列举了维修中发生不安全行为的几个主要类型。本章将在后面逐个介绍。

- 认知失效
- 记忆失误
- 行动过失
- 习惯性错误
- 错误的假定
- 基于知识的差错
- 违规

1.1.3　人为差错

"人为差错"一词在人们日常生活和复杂系统的安全研究中广泛使用。韦氏新大百科词典对"error"有 5 种不同的解释，但其中有两个基本点：偏离某种规范或标准，操作者的无意行为。这两点集中体现了目前许多研究者对人为差错的界定。事实上，在某些情况下，操作者也可能会有意违反某种规范或标准，称之为违章(Violation)。显然，人为差错与违章都会危害到安全，属于不安全行为(Unsafe Act)。

航空维修差错可界定为：在航空维修活动中，由于受到各种内外因素的影响，维修人员无意出现的偏离维修目的和要求的行为。

1. 疏忽

疏忽主要是指在完成某项工作中出现的差错。如一个机械员知道该如何安装一个液压泵，但在用扳手旋紧泵的固定螺钉时因用力过大而损坏了连接部位的结构，亦被称为岗位差错。

2. 失检

失检是指在回顾与一项工作相关的信息时出现的差错。如一个机械员在安装了 5 颗螺钉中的 3 颗后被叫去协助完成另一项工作，当他回来再继续进行原来工作时忘记还有 2 颗螺钉没有安装而直接进行下一个工序，亦被称为遗漏引起的差错。再如曾有一个机械员在安装飞机液力管路时仅将管路接头带上几扣，还未完全上紧时到了休息的时间就去休息了，当他结束休息继续工作时管路看起来已经安好，他忘记管路接头并没有拧紧，结果造成飞机供液压进行测试时该管路接口处大量漏油。

3. 失误

失误多是指在工作安排中出现的过失。如在飞机系统出现故障时认为不需要按工作程序进行故障隔离、分析，以前见过类似这种问题，直接更换设备，故障未能排除再转用其他的办法。结果按照故障隔离手册有条不紊的简单的排故过程因为所谓的经验无端地绕了许多弯路，既没能节省时间又导致一些不必要的人力浪费。

1.1.4　航空维修差错

航空维修差错，是指航空维修人员在维修活动中，违反维修对象的客观要求，导致维修人员的操作与预定目标所发生的偏差，且产生秩序、状态异常或人员伤亡及装备损伤的结果。

一般来说，维修差错是由于维修人员受到各种外在的，内在的因素影响而导致的错误行为。从系统的角度看，正确的维修行为或多或少总是使机械系统产生熵减，而任何维修差错则必然造成机械系统的熵增。维修过程中通常发生的错、忘、漏、损等人为差错和因维修不当引起的事故征候和事故都属于维修差错的范畴。

1.2　航空维修差错的分类

航空维修差错基本上可分为三种基本的差错类型——基于技能的差错、错误和违规。基于技能的差错又分为 3 类：认知失效、记忆失效和过失。错误可以分为两大类：基于规则的错误以及基于知识的错误。一般情况下，基于规则的错误不是涉及到不正确的假定，就是和坏习惯有关。虽然字面意思看来是如此，但是基于规则的错误通常并不涉及故意违反程序。基于知识的差错是指所反映的问题没有得到解决，或者是缺乏系统知识。3 种类型违规包含：例行公事违规、寻求痛快或快活式的违规以及情景违规。

最后要强调的是，虽然差错和违规可能导致严重后果，但它们本质上并非绝对是坏事情。各种类型都与通常情况下有用且适应性好的大脑过程有关联。

它们不是单独发生的。

1.2.1 基于技能的认知失效、过失和失误

基于技能的差错可以用人的信息处理的 3 个有关方面来表示：认知、记忆和注意。下面将逐个介绍基于技能的这些差错。

1. 认知失效

认知失效主要有两种情况：

(1) 错误识别物体、信息、信号等。

(2) 没有探测到问题状态(检查或监控失效)。

导致错误识别的主要因素如下：

(1) 相似性。正确和错误物体之间的外观、位置和功能类似。

(2) 模糊性。光照不好及信噪比的影响。

(3) 期望。我们看到自己所希望看到的。

(4) 熟悉。在非常熟练的习惯性任务中，感知会变得粗略。

错误识别涉及到对我们感官收集到的信息进行错误的解释。这类差错是很多严重事故发生的原因。包括火车司机看错信号显示、飞行员错误解释仪表提供的高度信息等(尤其是老式的三个指针的高度表)。

导致错误识别的一个主要因素是正确物体和错误物体的相似性(在外观、位置和功能等方面的相似)。在信噪比不好(光照不好、无法接近等)时，情况会更糟。例如，一个飞机维修人员给飞机加液压油，然而等到加完油后，他才意识到自己拿的是一个空的发动机的滑油罐。在一个光照很差的储藏室内，滑油和液压油罐的形状几乎是一样的。

错误识别受期望的影响也很大，即我们一般看到我们所希望看到的。我们的知觉来源于两类信息：感官获得的信息和储存在长期记忆中的知识结构。感官信息越微弱或越模糊，感知受期望或储存的知识结构的影响就越大。一旦我们形成了对当时情形的观点，即使有与其抵触的信息，我们也倾向于选择能证实自己预感的信息。顽固的习惯与期望类似：尽管信息有的时候是错误的，我们仍会将粗略地感知信息与我们所熟悉或预期的事物匹配。

即使有高新的故障检测技术，大部分故障检测任务仍然依赖于人的眼睛完成。没有探测到问题状态通常是因为在检查时忽视了一个可见的故障。

导致没有探测到问题状态这一类差错的一些主要原因总结如下：

(1) 检查在检测到缺陷前受到干扰或被打断。

(2) 检查虽然完成，但是由于人的分心、内心考虑别的事情，就会疲惫或匆忙地完成。

(3) 人并没有期望在该位置发现问题。

(4) 注意到了一个缺陷，但是又往往忽略掉临近它的另一个缺陷。

(5) 光照不好、污垢或油脂。

(6) 休息时间不够。

(7) 可达性不好。

其他因素还包括经验不足、没有受过足够的训练从而无法知道应该留心什么样的信号和征兆，等等。有些时候，我们没有考虑人的视觉系统的生理局限。例如，需要在光照低的条件下进行一些专门的检查技术时，检查员可能不愿意等待 10 分钟或更长时间让自己的眼睛去适应黑暗。科林·特鲁里和他的同事已经开发了关于维修检查人为因素的指导材料。没有探测到问题状态的差错还反映出警觉性下降的问题。在一个持续时间过长、单调的检查任务中，大脑很容易受其他事物的分心。而问题常在并不期望的时候探测到，这一点并不奇怪，如下例所示。

晚上 22 点左右，在超时工作 18 个小时后，一名维修人员正在对一台发动机进行总体检查。他很自然地会忽略冷气导管内部的明显损伤。在检查到另一缺陷后，这一损伤才被发现。

认知和探测失误的差错的案例分析：

1990 年，在英国牛津郡上空，一架 BAC1-11 飞机爬到 17000 英尺(约 5181.6m)高空时，飞机驾驶舱的风挡玻璃爆裂。机长的一半身体被吸出窗外，直到飞机降落在南安普敦市。机长仍然存活，只是受了点轻伤。但是，这对于乘客和整个机组而言恐怕是无法忘却的可怕事情。

事故发生的前一晚，风挡玻璃已经进行定期更换。引发事故的原因很大程度上源于两个认知差错——一个是错误识别，另一个是未探测到问题状态。就第一个差错而言，差错是由值班经理造成的，因为缺少人手他决定自己亲自来做。他从风挡玻璃上取下 7D 螺栓后，发现很多都脏了，他认为需要约 80 个新的螺栓。于是，他去仓库管理人员那里取，但却发现仓库中只有少量的 7D 螺栓。因此，他又驾车去停机坪，并在一个装有通用航空设备、无人管理而且标签不清的圆盘传送带中寻找。他找到一个抽屉，一个他自认为是装满了 7D 螺栓的抽屉，他试图将它们与风挡玻璃上取下的一个老的螺栓匹配。当时他使用的方法是在大拇指和其他手指间拿着用过的螺栓和一个新的螺栓检查，由于该区域照明不好，他也没有佩戴阅读专用眼镜，因此，他错误地选择了较 7D 螺栓细一些的 8C 螺栓。

第二个差错是：在安装风挡时，他没有探测到自己的差错。这其中有很多原因。因为工作台架未放置好，他只能斜倾在飞机前面。力矩起子上的磁性钻头夹持器(磁接)坏了，因此，他在拧螺栓时不得不用左手按住钻头。这意味着他的手遮挡住螺栓的沉头，因而他未能从螺栓的沉头中获知使用的是较细的螺栓，螺栓拧进了大一号的螺母，而他却未能注意到力矩不同的感觉。

这一事例揭示了维修差错的一个重要方面：差错经常按顺序发生，具有连贯性，一个差错会引发另一个差错的产生。而且，一个差错会极大增加下一个差错发生的可能性。这称为差错级联。差错级联还可能涉及到很多人。不同的人每人犯了一些错误，联系在一起就会形成系统防线的一个危险漏洞。

2. 记忆失效

在一个对澳大利亚飞机维修人员进行的调查中，专家收集到 600 多份维修差错导致的事故征候的报告。记忆失误是其中最常见的差错形式，在 20%的事故征候中都曾出现。

记忆失效可能发生在三个信息处理阶段的一个或多个阶段。

(1) 编码(或输入)失效。没有给应记住的项目分配足够的注意，因此它从短期记忆(意识工作空间)中消失了。

(2) 储存失效。长期记忆中记住的事物衰退或受到干扰。

(3) 提取(或输出)失效。有些是我们知道的事物，然而在需要时却无法回忆起来。

1) 输入失效

常见的输入失效包括：没有记住我们已经被告知的事情，以及没有注意到先前的行为。当某人被介绍给我们时，我们最可能忘记的是什么呢？是他们的姓名。为什么？姓名是关于此人的新信息中的一部分，除非特别努力地集中注意在它上面(此时，我们常记不住他们的长相以及他们的职业)，否则我们们常记不住人的姓名。因此，分配适当的注意力给某事物是日后能记住它的一个重要前提。

第二类输入失效指的是"忘记"先前的行为动作。实际上，说没有用心记更恰当一些。这都是因为注意力失效。在我们执行熟悉的日常任务时，大脑几乎总在想其他的事。这一点，对于按顺序完成任务非常重要。结果往往是我们"忘记"自己把工具放在什么地方，或者当自己到处寻找某样东西时，发现东西实际上正拿在自己手上。

其他输入或编码失效包括：

(1) 无法在一系列行为中确定自己所处的位置。我们在频繁的日常任务中突然"清醒"时，无法即刻了解自己在行为序列中处于什么位置。失去正确位置差错可能造成的一个危险结果是：试图找到正确位置时继续出错。这里可能存在两种差错：我们判断的位置比实际位置要靠后，因此忽略了一些步骤；或者，危险性低一些的，判断位置比实际要靠前，因此重复了不必要的步骤(例如，在茶壶中放了两倍茶叶)。

(2) 时间间隔体验。我们记不起前几分钟自己的行走或是驾驶的方位，甚至记不住前一秒钟自己做过些什么。例如，我们正在淋浴，却突然想不起是否已经往头发上倒过洗发水了。证据(如果有的话)显然已被洗掉，而自己一直在想别的事情。简言之，我们没有用心留意日常活动的细节。

2) 储存失效

储存失效有多种形式，但最可能对维修活动造成不利影响的是忘记了所要做的事情。对于即将要采取的行为或任务，我们很少会马上进行。一般情况下，我们会将任务放在记忆中，等待恰当的时间和地点再执行。这种记住的意图称为预期记忆，它特别容易忘记或岔开思路，使行为没有按预想的完成。很多维修人员都很熟悉这样的场景，就是在驾车回家路上会突然想"我是否做过或没做过……？""我是否完全换掉了口盖？我是否拿掉了工具？"

当然，我们也可能会将一个意图忘记得一干二净，一点痕迹都没有保留。更常见的是某种程度上的遗忘。当我们完全忘记某意图的时候，那种感觉表现为"我应该正在做什么事吧"。这时，内心会衍生出一种含糊和不安的感觉，仿佛自己应该正在做什么事情，却无论如何也想不起来或记不得应该是在哪里做。还有一种很常见的情况，就是想起了最初的意图，于是着手去做，但是在做的过程中，经常会因为自己全神贯注于别的事情或者受到别的事情而分心，从而忘记了自己做事的初衷。这些状况发生的地点可能是在一个商店、一个库房，还可能是在自己的家里。也许你正站在一个打开的抽屉或食橱面前，却想不起来打开的目的是什么，自己到底是要过来拿什么东西。这就是"我究竟在这儿干什么"的感觉。最后一种可能性是你计划要完成某些行为，本以为已经完成，但是后来却发现自己遗忘了某些事情。

举个常见的例子：当你返回家四处寻找一封准备邮寄的信，最后发现信其实在走廊的桌子上。

3) 提取失效

提取失效是记忆最可能出现失效的方式之一。你可能已经注意到，这种方式随着年龄的增长更普遍，例如无法想起"他的名字叫什么"时的体会。

提取失效可能表现为自己觉得知道，而且就挂在嘴边，但就是想不起来的一个名字或词汇。搜寻实际上就挂在嘴边的词汇实在是件令人着急的事情。这期间，总会有一些其他的词汇或名字进入你的思维，但你知道这些都不是自己想要寻找的，这些经常让问题变得更糟糕。但是，你仍会强烈地感觉到目标名字正以某种方式接近自己。也许会感觉目标名字的发音和出现的很相似，或者字形很接近，甚至与你正寻找的目标名字的人有关，或者是一个与此人一起工作的同事的名字。

4) 受到干扰后忽略

身边让人分心的事物可能会影响你无法执行必要的检查。例如，你要拿一本手册，但是在将它从架子上拿下来时碰倒了其他书。你将碰倒的书放回原处，离开的时候却忘记拿走自己想要的手册。

有些时候，干扰使人"遗忘"后续的行为，或者使人的注意力转移到其他事物。还有一些时候，处理干扰的行为刚好是原定行为序列中的一部分。例如，你正在泡茶，突然发现放茶叶包的盒子空了，于是走到橱柜前，打开新的一盒。接着你将开水倒进空的茶壶，却忘记将茶叶放进去，你完全忽略了茶叶的存在。

5) 仓促结束

顾名思义，仓促结束指的是在没有完成一个任务的所有工作时就终止了该任务。就像穿着短袜就去淋浴一样。当某项日常任务快要结束时，我们的思维会提前跳跃到下一个任务。所以，我们很可能会遗漏第一个任务中最后需要完成的一些步骤。例如，在医院用压缩空气测试氧气分配系统，有时测试已经结束，维修人员却使系统继续连接到空气而不是连接到氧气上。

3．基于技能的过失

在熟悉的情况下，人的行为是由"自动"模式引导的。维修人员的技能越熟练、经验越丰富，就越能自觉地完成相当复杂的任务。在日常生活中，进行汽车换挡、系鞋带、梳头、打电话等活动时，我们只需要投入非常少而有意识的注意力参与即可。维修工作中包含着很多熟悉的步骤，从而自动地形成日常的技能，如果没有这些自动技能，工作进展将非常缓慢。关上勤务口盖、补给液体、拉电路保险电门、拧紧螺丝和检查压力等这些看似平常的活动，完全可以不知不觉地成为基于技能的日常行为。

人们不一定会选择这种方式来完成任务。无论愿意与否，我们在熟悉的情境中都会逐渐形成自动技能。有时，当这些自动技能促使我们做一些未曾想过要做的事情时，我们才意识到有一个自动化程序在后台运行。美国心理学家先驱威廉·詹姆士在1890年写到，他注意到如果向人们询问如何完成一个熟悉的行为，大多数人的回答都是："我不知道，但我的手从来不会出错"。

有一个很好的测试可以检查一个任务是否达到这种自动化程度，那就是看一个人能否在完成任务的同时进行谈话。驾驶技术不熟练的司机在接近转弯或是通过交通繁忙区域时，会停止交谈。一旦我们形成了处理这些情形的日常技能，我们的注意力就可以放在其他任何地方，我们甚至可以在继续谈话、听收音机或者计划晚餐的同时保持对汽车的控制。

当自动技能以我们不希望的方式控制我们的行为时，会产生行为过失。例如，一个电工要换一个灯泡，该灯泡旁边有一个指示，它告诉我们一个液压开关处在打开或是关闭状态。液压系统当时正受到其他的影响，电工知道启动系统是不安全的。然而，更换灯泡后，在意识到自己正在做什么之前，电工已经习惯地将开关推到"开"的位置，以测试灯泡是否工作。

我们的技能常规就像劫机者一样随时等着控制我们的行为。基于技能的过失可能特别危险，我们会发现无意识的思维会使自己做出在有意识思维的情况下绝不会想到要做的事情。

图 1-1 描述了一个典型行为过失中涉及的主要特性。假想你正在执行一个非常熟练的行为，比如用电热壶烧开水准备饮料。再假想有一个客人要喝茶，而自己习惯喝咖啡。于是你走进厨房，给水壶加水，然后烧水。同时，你开始考虑一些在当时是很重要的事情。最后你会忽视选择点，在两个杯子中都加入速溶咖啡，并倒入水。这种情况下，厨房程序就好比是图中左边的箭头，右面两个箭头中粗一些的是制作咖啡的日常行为，细一些的箭头则是泡茶行为。你错过了选择点，而你的行为就像在铁轨上一样沿着熟悉的行为运行。只是这一次，情况变了，它属于一个心不在焉的过失。

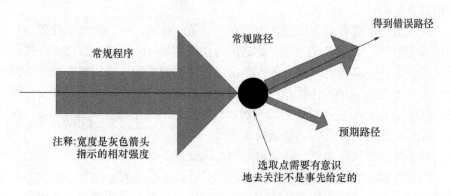

图 1-1　行为过失涉及到的事件的典型模式

日常生活中类似的行为过失的例子还包括：周六早上准备去商店，结果却习惯性地开车去办公室。或者，原先计划在回家的路上停下来买点东西，结果却一直开过去了。前者是分支差错，后者是过头差错。

分支差错，顾名思义，指的是会产生两种不同结果的行为，不过一开始都有一段共同的路径。在前面制作饮料的例子中，烧开水是达到不同目标的第一阶段：泡茶、泡咖啡、加速煮蔬菜等。这些过失的特征是采取了错误的路径(即，不是当时所想的)。这一"错误路径"总是比当前想要采取的路径更为熟悉、使用的频率也更多。所以，过失是因为常规情形的改变而触发的(如同前面泡茶过失所述)。如果没有变化，可能就不会出差错。因为不管是否分心或思考别的事情，行为都将自动进行并达到目标。过头差错与此类似，除了忽略与常规模式不同的一些预定偏离之外。

4. 促使行为过失的因素

现在我们知道心不在焉造成的行为过失不是随机发生的事件，它们有可预测的模式。主要与以下 3 个明确的原因有关。

(1) 在熟悉的情况中，对习以为常的常规任务的效用。

(2) 注意力全神贯注于其他无关事物，或者分心。

(3) 行为计划或是环境有所改变。

这些因素看似相互矛盾的，但实际上就是这样。心不在焉造成的过失是我们对熟练的技能付出的代价，也就是说我们在很大程度上本来能够用自动的方式来控制日常行为，但是由于心不在焉而没有这样。所以过失和失误自然就最可能发生在熟悉的环境中，并且是出现在我们执行十分熟练的习惯化任务时。当然，我们在学习一样新的技能时也会犯错(例如刚开始学习如何操作计算机键盘的时候)，但这些错误通常是因为没有经验或缺乏运动协调能力，比如手脚不灵活或者是敲错了数字键。

注意力是非常有限的资源。如果要关注某一事情，我们必须把注意力从别的事情上撤回。"走神"的原因，就是因为我们常常将有限的注意力全都放到与手头工作无关的事物上。如果是内心担忧某件别的事物，我们解释为"全神贯注于别的事物"；如果是周围发生的某事件，我们称之为"分心"。无论是哪一种"走神"，都是心不在焉引起的失误或过失行为中必不可少的条件。心不在焉时，我们会忽视任务中的一些临界选择点。

许多行为过失涉及到在特定情形中，执行很寻常或习惯的行为——我们称之为强制性担心出错而产生的过失。错误的行为往往具有一致性：行为并非简单地发生，不是当时就想那么做的。过失的诱因是内心意图或外部环境发生了某些变化。如果没有发生这些变化，事情将像我们预期的那样，沿着惯常的轨迹发展。因此任何一种变化都非常容易导致出错。

1.2.2　基于规则的差错

在很大程度上，维修人员都受过广泛的培训，而且他们的工作是高度程序化的。这意味着他们所犯的绝大部分错误——形成意图层或问题解决层的失效

——都可以理解为违反了适当的规则或程序。规则可以通过训练和经验而存在于维修人员的大脑中，或者可以写在手册和标准操作程序里。

与维修相关的活动中基于规则的错误有两种主要方式。

(1) 错误地应用一个好的规则(假定)。即，可能将一个很好的规则应用在并不适当的情况下，也许是因为习惯或者没有探测到环境的变化。

(2) 应用了一个坏的规则(习惯)。坏的规则指的是在一个场合中，可能能够完成工作，但会出现非预期的后果。

在许多方面，违规——没有应用好的规则——是不安全行为中的一个独特类别，它与差错有许多重要的差异。在下文中我们将把滥用好的规则和使用坏的规则都看作单纯基于规则的错误。另一方面，违规也很重要，应该单独处理，即使它们可能(且经常性地)包含错误。

1. 滥用好的规则(或假定)

一个"好的规则或原则"是过去已经证明其价值的规则。规则可以写下来，或者作为一些"经验法则"存在。滥用好的规则发生的场合，可能与该规则所适用的情形有很多共同之处，但毕竟存在着一些容易忽略的重要差别。例如，维修人员可能沿用了这样一个"规则"，即正确的轮胎压力是每平方厘米多少公斤。类似上述的假设，在很长的时间里都工作得非常好，因为没有发生任何变化。但是，如果发生例外，继续沿用此规则会导致差错产生。应用问题解决的规则通常很复杂，因为不同的问题往往具有共同的要素。换句话说，对于既定的问题，可能既显示出应该使用常见(因为是一个有用的规则)规则的迹象，又会出现相反的迹象引导人使用别的不那么常使用的规则。

一个维修机组开始在一架双发喷气飞机上进行 A 检。有一项规定，就是在进行 A 检时必须关断发动机上的反推力装置，即使在反推力系统上没有什么工作要做。该维修机组于是使反推力装置锁定不动，但是没有按要求在缺陷记录本上记录下来，这种人为的不工作状态因此也就没有做任何记录。在换班以后，第二班维修机组完成了 A 检任务，工卡上要求系统恢复运转，然而，由于没有在反推力系统上做任何工作，所以该班机组根本就没有想到反推力装置已经处于锁定状态，并且没有检查锁定板的状态。这样飞机就带着不能工作的和没有文件支持的反推力系统被签派放行了。

在上述案例分析中，第二班维修人员作了一个关于第一班人员对飞机所做工作的假定。显然，这一假定并不是随机出现的，而是受当时所使用的有文件记录的程序的影响。这次事件(以及其他类似事件)后，航空公司修改了程序，以便能够更明确地标明重要的任务步骤。

另一个涉及假定的维修差错发生在 1994 年。当时一架 B747-200 飞机向下降落，随后在新东京国际机场，即成田机场，着陆滑跑过程中造成 1 号发动机拖曳刮地。导致事故的直接原因是一个锁销的位置发生了移动。这是因为在大修期间没有将备用锁销放回原处引发的后果。在检修这部分前，一个检查员已经在工卡上将备用锁销放回原处这一步骤标注为"N/A"(不用)。事实证明他是错误的，但是其原因是可以理解的。波音飞机公司最近在全世界一系列锁销事故后，要求所有同一型号的 B747 飞机都要装备用锁销。但是，当时该航空公司旗下的 47 架 B747 中只有 7 架进行了改装。所以，检查员认为飞机上不需要安装备用锁销，他们甚至没有意识到备用锁销是否已经移除。这是一个基于规则的差错：常规的"经验法则"告诉人们，备用锁销并不需要。不过，这只是几个少数改装后的飞机中的一架，因此是这一"规则"中的一个例外。

2. 应用坏的规则(习惯)

很多人在进行一项工作时会养成某种坏的习惯。问题的关键在于这些坏的习惯会成为一个人工作程序中的一部分。没有人去纠正这些坏的习惯，工作似乎也能完成，而且，很多时候并不会出现坏的结果，至少是在他们的习惯或规则缺陷被揭露之前。例如，无论是地面移动设备或者飞机，在液压驱动系统的设备增压前，一个好的规则是确保液压装置关闭时没有动过任何控制装置。否则，一旦启动液压装置，系统突然开始运转时，不期望的意外情况会发生。一个维修人员可以采用一个坏的规则："启动液压装置，只需马上按开键就可以"来开展自己的工作，这时，因为没有遇到任何的意外事件，他们也无从得知自己正在应用一个坏的习惯或规则。但是，假如某人动过停放的飞机的襟翼或起落架手柄时，这个坏的规则就会引发严重的危险。

由于使用坏的规则而产生的最令人悲伤的例子，可能是 1988 年在克拉彭铁路交汇处发生的火车相撞事故。一列向北行驶的定期火车在越过一个绿灯后，撞上了一列静止的火车尾部，造成 35 人死亡，500 人受伤。导致事故的主要因素是信号灯失效，其原因与之前重接电线的技术员的坏的工作习惯有直接的关系。技术员没有将老电线切掉或用绝缘带包上，他只是将它们向反方向弯曲使它们看起来不妨碍正事，也许他认为这么做是正确的。他还有一个习惯，就是重复使用旧的绝缘带(另一个坏规则)，虽然这一次根本没有用绝缘带缠绕在电线裸露端(一个违规)。结果，信号从电线裸露端传出，接触到临近的设备，使得"反方"信号(新接电线中的信号)失效。案例中讨论的技术员是一个非常灵活、工作也很努力的人，在他 12 年的工作生涯中，从没有接受过任何系统的训练。他通过观察别人以及在自己的经验中摸索来开展工作。结果是，他的坏习惯(坏规则)没有得到纠正。

1.2.3　基于知识的差错

当我们面临新的问题或形势，必须回到"基本原理"来理解要采取什么行为的时候，就要采用基于知识的问题解决。一项对飞机维修人员工作的分析发现，维修人员处理这种情形所花的时间还不到 4%。

例如，艾伦·霍布斯谈到自己与一个经验丰富的维修人员在一起时的经历，这名维修人员当时正在对一架 B767 飞机的货舱进行例行检查。他看到一些透明粉末撒落在货舱地板上，有一部分在货盘的辊子上。这些粉末从哪儿来？它对飞机有威胁吗？或者它是否意味着适航问题？他抓了一点在手上，闻了一下之后，判断粉末是溢出的食物原料。于是，清扫干净该区域，然后结束检查。

虽然大部分需要基于知识解决问题的场合，如上述例子，都能最后顺利地解决。但是，这些任务是维修人员遇到的情形中出错率最高的。采用基于知识解决问题其出错有两个原因，一是问题没有解决，二是缺少系统知识。

下列报告中列举的错误就包含了这两个问题。

我想打开无线电组件，但没有找到，因为开关标注不清晰或者难以理解。我不太熟悉这种类型的飞机，因此我询问一个正在该飞机上工作的机身维修工程师，他指给我一个红色的摇杆开关。我有些怀疑。他说肯定没错。我推动开关，右发动机开始转动，螺旋桨差点打到一个正在检查发动机的机械师。该飞机上根本没有无线电组件。我马上标上"启动"及其他一些开关，我通过这件事学到了一个宝贵的教训。

如果某人是首次完成一个任务，很可能会出现基于知识的差错。下面的例子可以说明。

一架大型双发喷气飞机的刹车要进行改装。一个持有相关执照的维修人员是第一次做这种工作，他对文件的理解有误，他将一个部件安装颠倒了。而另一个曾做过这种改装的维修人员注意到这一错误，在飞机起飞前纠正了这一差错。

虽然缺乏经验的维修人员最可能出现基于知识的差错，事实上即使经验丰富的人有时也会出错。新的或不熟悉的任务，或者是不同寻常的改装以及很难诊断的故障都会导致基于知识的差错的产生。在维修人员的报告中有将近 60%说到，即使不确定是否做得正确，他们还是会继续完成这个自己并不熟悉的工作(见图 1-2)。其可取之处在于，人们通常能意识到自己面临的是一个新的问题，他们也明白自己可能需要技术支持或同事的帮助。

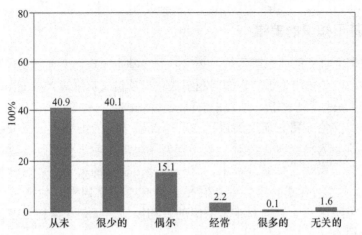

图 1-2　航空维修人员被问及，尽管对程序不确定，是否仍然继续做这个不熟悉的工作

1.2.4　违规

　　到现在为止，我们已经讨论了一些典型的人的差错类型。但是还有一类重要的危险行为与前面讨论的差错类型极为不同，这就是违规。近年来，心理学家和安全研究人员开始发现，这些行为在非常注重安全的工作场所(例如维修)中普遍存在。我们知道，在各种不同的行业中，如石油生产、医学及核电站等，操作者偏离标准操作程序、走捷径的情况时有发生。大部分维修都要经过严格管理，维修人员在执行任务时都能遵守规章制度，并且依靠制造商的维修手册、公司的程序和不成文的安全行为规范。但是这种善意的增加规章和程序也许会使员工允许的行动范围减少至如此程度，以至于员工可能会发现如果不违章就很难完成工作。

　　虽然差错和违规之间的区别有时很模糊，尤其是当违规只是一个错误或者当违规者并不知道不遵守会带来的后果时。但是二者之间有很多重要区别，总结如下。

　　(1) 是否故意。过失、失误或错误都不是故意的。而人们违反程序通常都是故意的(除非违规是如此根深蒂固，以至于已经成为习惯)。但是，应注意的重要一点是，虽然人们可能故意采取与规则不一致的行为，但一般情况下他们并不想产生偶然的、坏的结果。只有从事破坏活动的人会故意违规操作，同时又期望它们产生坏的结果。

　　(2) 信息与动机。差错的产生来源于信息问题，这些通常可以通过去粗取精地分析个人头脑或工作场所中的信息得以纠正。另一方面，违规大部分来源于动机因素、利益考虑、态度和行为规范以及整个组织的文化。如果要减少违规的现象，就要从这些方面改善。

(3) 人口统计学。男性比女性违规者更多，年轻人比年长者的违规现象多。但对于差错并不存在这种规律。

新的研究正向我们揭示违规的程度。都柏林圣三一学院的研究者们对欧洲航空公司做的一项研究表明，34%的维修任务的完成都违反了正规的程序。前面提到的澳大利亚的调查报告中，有17%的维修事件都涉及到违规。

飞机维修中的违规现象居然如此普遍，即使是航空公司的管理人员也会感到震惊。常见的维修违规包括：

(1) 参考未经批准的笔记或者"黑手册"，而不是经认可的来源。

(2) 偏离了正规并且是有文件记载的程序。

(3) 开始工作前，没有让系统处于安全状态，可能仅仅是因为周围看起来好像没有人。

(4) 维修程序结束时，没有按要求进行功能检查。

(5) 工作时没有使用正确的工具。

(6) 对实际上并没有完成的检查签字。

违规和差错一样有多种形式。3种主要类型如下。

(1) 例行公事式的违规。这类违规往往就像例行公事那样，企图避免不必要的努力、工作敷衍了事、企图显示自己熟练的办事效率，或者企图避开看似多此一举的程序。

(2) 寻求痛快或快活式的违规。人们有很多目标，但并非所有的目标都与工作有关。这类违规往往是为了逞能、避免单调或者仅仅是为了一时的痛快。

(3) 情景违规。有些情况下，或者在一定的情景下，如果严格遵守程序，就不可能完成工作。此时，问题的症结主要是程序的制定者。

1．例行公事违规

对澳大利亚维修人员的调查表明，例行公事违规是不安全行为中最常见的一种形式。调查发现，超过30%的维修人员在任务没完成前就签字，90%以上的人曾有过不使用正确工具或设备完成某项工作的经历，同比例的维修人员不参照经批准的文件来处理熟悉的工作。很多承认自己在日常工作中出现过例行公事违规的维修人员，同样事件可能都涉及到飞机延误、返航等的适航性事件。

这些走捷径违规的另一个后果是：这些违规行为会演变成维修人员日常工作中正常的一部分。换句话说，它们会建立在基于技能层次的作业中。费劲最小原则是人的行为的一个主要动因。

2. 寻求痛快或快活的违规

人和机器不同，人是有着多种需求的复杂生物。有些需求可能与希望有效地完成工作有关，但是其他可能是基于个人的要求。最后，这些与工作有关的需求和个人需求的满足会完全交织在一起。比如，一个车辆驾驶员的需求是从 A 点到 B 点。然而在这个过程中，驾驶员可能为了享受某种快感而追求最快的速度，他肆无忌惮地放纵自己争强好胜的本能。然而，当人们因为满足这些基本的本能而出现差错时，会引发严重问题。违规本身并不一定比我们违反安全操作程序时出现差错而造成的伤害更严重。

通常情况下，现代汽车以 110 英里/小时(约 177km/h)的速度驾驶本身并不足以导致车祸。但是以这种速度驾车旅行很可能是一种比较陌生的经历。因此，我们更倾向于错误判断汽车的操纵特性。这样做就会产生两个坏的后果：不仅出现差错的可能性很大，而且这一差错导致坏后果的可能性也更大。违规加上差错意味着灾难。

这些把非职能的目标当成快乐的倾向可能会成为个人工作方式的一部分。这对于男性青年来说尤其有可能，对于他们来说，挑战极限是一种自然本能。介于 18~25 岁年龄段的男性青年发生道路交通事故死亡的危险性最高，这绝非偶然。如前所述，就差错而言，至少在正常的工作时间内，这种年龄和性别的差异并不明显。

在维修中，寻求痛快或把非职能目标当成快乐而产生的违规行为，并不像走捷径或例行公事违规那么普遍，但有时也确实会发生。实践证明，开玩笑或者提出某些倡议都是这类违规的一个普遍形式。即使是牵引飞机都可能出现这类违规，如下例所示。

飞机在终端区，要牵引到试车间。一个维修人员正在发动机里修理可调进气导向叶片。启动 APU 以提供液压(但没有给发动机供给空气)。一个检查员建议，为了节省时间，在牵引飞机到试车间的过程中，这名维修人员应该继续留在发动机里工作。于是，牵引飞机的时候，该维修人员仍然呆在发动机里。就此提议是否可行，维修人员之间曾经有过争议，这样做大约节省了 10 分钟时间。

3. 情景违规

假想你将检查一项由一位你很信任的同事刚完成的任务。检查结束后你必须在报告上签字，以证实他们已经正确完成了任务。然而这项检查工作只有移掉各类检测口盖(即勤务口盖)才能看到检查的区域。当你准备的时候，你发现同事已经将所有口盖都放回原位。那么，除非你拿掉口盖，否则你无法知道他们到底都做了什么。这时的你会怎么做？类似这种情形很容易造成情景违规。

不愿出力、寻求痛快、炫耀男子气概、逞能之类的个人动机对例行公事违规和寻求痛快违规有着重要影响，而情景违规则源于工作环境与程序的不匹配。情景违规的主要目标仅仅是为了完成工作。与工作人员相比，问题与整个系统的关系更大一些。下述铁路的例子将阐明这一观点。

扳道工的工作(在美国称作司闸员)是将火车车厢连接起来(见图 1-3)。在英国，操作规程上禁止扳道工在搭接操作中停留在两节车厢之间——搭接操作指调车引擎将车厢推到一起。扳道工用一根长长的杆子来连接各个车厢。然而有的时候，缓冲器满度伸出，挂钩太短而导致车厢无法连接。为完成连接工作，扳道工不得不在两车厢即将相碰、缓冲器受压的一刹那站到两节车厢之间将挂钩搭接上。许多时候，这种单独的、基于知识的行为会演变成一种基于技能或日常例行的工作，这样显然是减少了力气。既然两节车厢的缓冲器相距 3～4英尺，那么看起来扳道工停留在两节车厢之间也是相当安全的。当扳道工在违规时出错——发生过失或分心，就会引发事故。过去曾发生过多起与火车车厢搭接操作相关的伤亡事故，在大部分的事故中，扳道工都是被车厢之间的缓冲器压垮或掉入车轮下被碾——很显然，这些是在违规的同时出现的差错(违规+差错=灾难)。

图 1-3　扳道工的工作：连接火车车厢

维修工作中会遇到很多出现情景违规的机会。维修人员常面临两难的境地：一方面雇主要求他们遵守程序，另一方面雇主又经常要求他们满足非常紧迫的时间期限要求。有一个机械员做了这样的总结："管理层告诉我们要一字一句地严格遵守程序，但是随后他们又告诉我们不要误事，要使用常识判断。"虽然很多违规的后果可能相对来说很轻，但是一些情景违规可能会引起特别危险的结果，特别是当它们移除了系统设置的防线或安全网的时候。在澳大利亚维修调查中，30%以上的维修人员报告说：他们曾经因为时间的不足而决定不执行原定要求进行的功能检查。

下面的案例分析向我们展示了这样一个场景。

一架 B747 飞机更换了一台发动机的滑油线路，现在它准备进行线路更换后的第一次飞行。发动机运转时发现了滑油泄漏处，维修人员只是将怀疑漏油的管路接头拧紧了一下。他们计划让发动机再运转一次，以检查一下接头，但此时牵引车已经到达，技术人员也跟随飞机到达机位，在机位他们进行了发动机的"无油运转"，用起动机带动发动机进行旋转，他没有发现滑油泄漏。后来，在飞行过程中由于发动机滑油的泄漏导致一台发动机空中停车，飞机不得不转场。这个例子中感觉没有犯很大的错误，似乎只是省去了一些步骤。但是就因为这些看似细微的差错而引发了一个代价昂贵的事件。

情景违规并不只是涉及到一线的运行人员。1998 年 5 月，澳大利亚皇家海军"Westralia"的补给舰因一个燃油软管爆裂，柴油喷到一台热的发动机上，致使船只起火，4 名船员在灭火中丧生。该船只最近刚进行过维修，维修人员将硬的燃油管换成了柔软的软管。更换管道原本需要经过海军的正规部件更换过程进行处理，同时还要征得劳埃德船社的同意。但是，维修者显然绕过了正式的批准过程，将不合适的软管安装到机上。调查发现，海军的正规部件更换过程被回避的事情时有发生，其中牵涉到的通常都是一些出发点良好的人员。

1.2.5 维修差错的后果

不同形式的维修差错，它们之间的区别并不仅仅表现在学术上。了解差错的不同形式非常重要，因为不同的差错一般会导致不同的后果。图 1-4 是基于澳大利亚维修研究的分析。

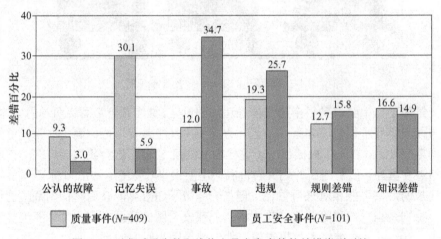

图 1-4 引发质量事件和维修人员安全事件的差错类型对比

该图显示了引发维修质量事件(威胁飞机安全或运行的事件)的差错和引发维修人员安全事件的差错所占的比例。引发质量事件的最常见差错是记忆失误，约占该类别差错的 1/3。违规和基于知识的错误在质量事件中的出现频率占次高位置。

1.3 航空维修差错的特点

1.3.1 必然性

根据墨菲定律：做某件事情，如果存在着发生差错的可能性，那么差错迟早总要发生。完成某一项维修工作，不管发生差错的可能性是多么小，当操作次数增多时，至少发生一次差错。如拆装某型飞机机轮，可能出现装错挡油盘、打反保险丝等差错，也可能什么差错都不发生，但随着拆装次数的增多，这些差错迟早会发生，且可以证明，当拆装次数趋向于无穷时，发生一次以上差错事件的概率为1，即是个必然事件，这是由产品本身的属性决定的。

1.3.2 突变性

一般地讲，故障的形成往往经历从量变到质变的过程，但维修差错则与人的一次或几次操作错误关联，量变过程极短，即维修差错的产生过程具有突变性。

1.3.3 可积性

维修人员在操作过程中，前一个错误可以诱导后一个错误；后一个错误可以发展前一个错误，即差错可在程序上积累，且这种积累是阶跃的，非线性的。

1.3.4 可逆性

前一个错误可以被随后人自觉或不自觉地纠正，二者可以相互抵消。例如：开关装反，则只有正确和错误两种可能，与人的一次或几次操作错误并联，具有突变性，另一方面，开关装反后，由于及时发现或无意地再次出错，则又可装正，这是可逆。

1.4 航空维修差错对航空安全的影响

飞机维修是航空系统的基本组成部分，它的维修差错的增加，可能导致系统安全网的崩溃。人的能力的局限，影响其在维修与检查任务环境中的表现和安全。"维护相关"差错成为一些严重事故的可能原因。20世纪80年代前半期，据统计，有17起由于维修责任引起的机毁人亡、人员严重受伤和飞机严重受损的重大重复事故发生或重大适航影响的事故和事故征候。80年代后半期共发生类似事故 28 起，比 80 年代前半期增加了 65%。而同期航空运输交通量只增加了 22%。90 年代前 3 年有 25 起事故涉及维修差错，而 80 年代前 3 年仅有 7 起。人们在逐步接受更为广泛、更为系统的航空安全方法后才认识到维修对航空安全是具有重要影响的。以往，人们对飞行中人为因素对安全的影响更着眼于飞行机组的表现，其次是地面指挥人员的表现。直到现在，在可获得的文献中很少能够找到讨论影响检查与维修飞机的航空维修人员表现方面的人为因素问题。这是人为因素研究的严重疏忽。

维修人员的环境、时间压力、个人能力和局限与飞行人员、地面指挥人员一样是影响其表现的重要因素，再加上老旧飞机的特别要求，更增加了工作量、时间压力，需要更丰富的知识和比以前更熟练的工作要求。

在 20 世纪 60 年代，维修差错问题首次引起人们的注意，估计当时维修差错占事故因素的 20%左右；在 90 年代，这类数据已增加到 4 倍，为 80%。如此巨幅增长来自多种原因，其中与航空维修有关的有三条：

(1) 机械电子设备可靠性在过去 30 年里提高很快，但人还与以前一样。

(2) 飞机的自动化和复杂程度增加了。人与机器、人与软件之间存在不匹配。

(3) 航空系统日益复杂，导致组织事故隐患。

第 2 章 航空维修差错研究的基本理论

理论是实践的先导，航空维修差错研究的基本理论异彩纷呈。为了对维修差错研究的基本理论有清晰的认识，本章首先介绍航空维修差错研究的基本理论的分类和比较，然后分别介绍航空维修差错的致因理论和人的可靠性理论。

2.1 航空维修差错研究的基本理论综述

航空维修差错是诱发或直接导致飞行事故和地面事故的重要原因之一，控制和预防航空维修差错意义重大。目前，业界已形成诸多的航空维修差错理论，如墨菲定律、SHEL 模型、内森(Reason)模型等。这些理论都有各自独特的研究视角、适用范围，不断丰富和完善着人们对维修差错的认识。

2.1.1 航空维修差错理论分类

综合各理论的特点及研究背景，航空维修差错研究的基本理论分为三个大的理论流派：个人学派、组织学派和系统学派。

1. 个人学派

对航空维修差错的研究，最初的关注对象是工作在维修一线的从业人员，对导致差错的个人行为进行分析，研究内容局限于直接导致事故的安全隐患。以菲雷尔为代表，认为维修差错事故的发生是由于超过人的承受能力过负荷地工作、做出了与外界刺激要求不一致的反应、不知道正确的方法或故意采取不恰当的行动等三个原因。

1949 年，美国人爱德华·墨菲提出了墨菲定律：如果有两种选择，其中一种将导致灾难，则必定有人会做出这种选择。经过演化和发展，墨菲定律进一步表述为：会出错的，终将会出错。依照该定律，航空维修中，只要有人的行为存在，迟早会导致事故的产生。

而德国人帕布斯·海恩则从事故隐患积累变化的角度研究航空事故中的人的因素，提出了海恩法则：每一起严重事故的背后，必然有 29 次轻微事故和300 起未遂先兆以及 1000 起事故隐患。该法则强调两点：一是事故的发生是数量积累的结果；二是再好的技术、再完美的规章，在实际操作层面也无法取代人自身的素质和责任心。

2．组织学派

组织学派在个人学派的基础上发展而来，研究的对象不再局限于个人，而是从一个组织的角度，综合运用工程学、遗传学等学科知识，对航空维修事故背后的原因进行分析，并从管理学的角度，提出相应的解决方案。组织学派以皮特森理论、事故连锁理论等为代表，是航空维修差错理论研究领域重要的组成部分。

最早提出维修差错组织学理论的是皮特森，他在菲雷尔理论的基础上指出：维修事故原因包括维修差错及组织上的管理缺陷，而过负荷、人机学方面的问题及决策错误是造成维修差错的根本原因。

1941年，美国安全工程师海因里希统计分析了55万起工业生产事故，提出了事故因果连锁理论，用以阐明导致事故的各种原因及与事故间的关系。事故因果连锁理论借助五块多米诺骨牌，即遗传及社会环境(A1)、人的缺点(A2)、人的不安全行为和物的不安全状态(A3)、事故(A4)、伤害(A5)等，形象地描述了事故的因果连锁关系，说明事故的发生是一连串事件按一定顺序互为因果依次发生的结果。如果一块骨牌倒下，则将发生连锁反应，使后面的骨牌依次倒下，最终产生事故。海因里希认为，安全工作的中心就是防止人的不安全行为，消除机械的或物质的不安全状态，中断事故连锁的进程从而避免事故的发生等。

与皮特森、海因里希等学者一样，飞机不安全事故的发生也引起了国际民航组织的重视和关注，并提出了事故链理论，即事故极少是由一个原因引起的，而是由许多因素(如维修、管理、机组等)像链条一样，把各个环节连接在一起时发生的。要防止事故的发生，只要将链条上的某一环节截断就可以了。

在海因里希提出事故因果连锁论近半个多世纪后，许多专家沿着事故原因相互作用这一方向继续研究，提出了圆盘漏洞理论。该理论认为造成事故的因素有5个：人、机、料、法、环。这5个因素穿在一根轴上，但又按照各自的规律在圆盘上运行，每个圆盘上都已经存在或者正在出现不同的漏洞。不安全因素就像一个不间断的光源，当这束光源能够穿透所有5个圆盘时，事故就发生了。而防范事故发生的办法，就是将圆盘上的漏洞堵住。

3．系统学派

随着研究的深入，以爱德华兹、内森为代表，引入了系统论的知识，把航空维修运行中发生的维修差错当成一个系统来分析，全面地分析航空维修系统中各组成要素与要素、要素与系统、系统与环境、此系统与他系统的关系，从而把握其内部联系与规律性，以有效控制和预防维修差错。

1972 年，爱德华兹(Edwards)教授提出 SHEL(Software, Hardware, Environment, Live ware)维修差错概念模型。1975 年，弗兰克•霍金斯将其发展为一个带齿边的系统方块模型。

SHEL 模型用简化的方法表示了复杂航空维修运行系统，具体、形象地表现了维修差错研究的范围、基本要素以及它们之间的相互关系。SHEL 模型认为差错容易发生在以人为中心的与硬件、软件、环境及其他人之间的结点上，方块界面的匹配与否，如同方块图形本身的特征一样重要。有一处不匹配就意味着一个维修差错源。人是这个模型的中心，航空维修运行系统的其他部分必须适应它，并与这个中心部分相匹配。

与 SHEL 模型提倡系统研究方法相似，1990 年，英国曼彻斯特大学的内森教授通过对世界上发生的重大事故调查分析后，提出了内森模型即"瑞士奶酪模型"。

内森教授将航空维修运行看作是由决策者、生产管理、工作者的生产活动、防护和安全措施共五个层次组成的生产系统。从系统的高度来看，各个层次的组织活动与事故的最终发生都有关系，每个层次都有"奶酪"漏洞，不安全因素就像一个不间断的光源，刚好透过这些漏洞时，事故就发生了。

内森教授认为安全系统失效的形式有两种：现行的和潜在的。现行失效是指具有直接负面影响的差错和违章行为，通常由一线工作者所为。潜在失效是指因远在事故之前所采取的措施或所做的决定而导致的结果，通常产生于决策者、管理当局或维修管理层。事故是这两类失效的结合，最后因局部事件在预防体系上打开缺口时发生。

2.1.2　航空维修差错理论比较分析

以上理论从不同角度对航空维修差错的预防及控制进行了持续的探索，对保障航空安全起到了积极的作用。为了进一步认识航空维修中的维修差错，对其进行深入分析，剖析各理论的研究特点、主要优点及不足之处，很有必要也很有意义。

菲雷尔理论从过负荷、人机学工程及决策错误三个方面对维修差错发生的直接原因作了较为全面的归纳和总结，但是研究的范围局限在了一线生产人员，对维修差错发生背后组织性、系统性的问题没有涉及。

墨菲定律则对维修差错引入了概率论的数学概念，揭示了"坏事总会发生"的哲理，对预防和控制维修差错指出了系统性的的解决方向：倡导风险管理、拒绝侥幸心理的工作理念。但既然坏事都会发生，也在一定程度上会导致从业人员的悲观情绪。

而海恩法则从人的素质和责任心的角度，指出维修差错的发生是量变的结果，人的因素是航空维修事故发生的主要原因。该理论生动、形象地揭示了事故背后的事故征兆，主张明确工作责任主体，从事故发生前的过程中发现事故征兆，及时控制和预防。但海恩法则仅从明确责任主体的角度来预防维修差错，显然不够系统和全面。

皮特森在菲雷尔的基础上提出管理缺陷的观点，进一步丰富了维修差错原因分析理论，但是对管理上的问题只有定性的认识，并没有对管理上的缺陷做出系统、深刻的总结。

与皮特森的研究相比，海因里希的研究对航空维修差错的预防和控制向前迈进了一大步，不仅对维修差错的产生从遗传及社会环境、人的缺点、人的不安全行为和物的不安全状态、事故、伤害等五个方面进行了详尽分析，而且借助多米诺骨牌，形象、生动地提出了航空维修差错的解决方案：如果移去事故因果链锁中的任意一块骨牌，则连锁被破坏，事故过程即被中止。但是，海因里希理论也有明显的不足，它对事故致因连锁关系描述过于简单和绝对，也过多地考虑了人的因素。

事故链理论相对海因里希理论，虽然描述简单了一些，但其倡导多因素分析，主张把事故原因和解决方法有机结合，对维修差错的原因分析和解决方法直观、形象，和上述的理论模型形成互补，但对维修差错的预防和控制，只是一种定性的认识，并无具体、有效、系统性的解决方案。

圆盘漏洞理论是在海因里希的事故致因连锁理论的基础上发展而来的，该理论以不安全事件为光线，人、机、料、法、环为圆盘，盘上的漏洞为维修系统缺陷，建立了一个动态的维修差错理论模型，提出维修差错是人、机、料、法、环五大影响因素综合作用产生的结果，对维修差错的影响因素认识更全面和深刻。但对维修差错的预防和控制更多地关注于堵漏洞的层面，没有进一步的探讨系统性的解决方案。

SHEL 模型和内森模型的提出，进一步发展了航空维修差错理论，在指导预防和控制航空维修差错问题方面，更为深刻、实用，为世界众多国家和行业组织所接受，也将维修差错理论研究推上了一个新的台阶。

SHEL 模型揭示出差错的根源在于模型之间的不匹配，对差错的根源分析系统、形象，一般作为事故调查收集事实信息的指导。但 SHEL 模型关注的是人与各模型界面的匹配，重点过多放在了人的模型界面，维修系统中的组织因素和社会因素被相对弱化，给人的感觉似乎是所有的维修差错和事故都是设计不良引起的，这是不客观、不全面的。

内森模型提倡系统的调查方法，把维修生产看成一个综合的系统来分析，揭示了事故的发生不仅仅和事故直接相关的生产活动有关，还与离事故较远的其他层面的活动和人员有关，主张维修差错是现行失效和潜在失效的结合，对维修差错的产生分析更全面、更深刻，并为解决问题提供了参考、比较模型，多运用于事故的信息分析。目前国际民航组织力推的 SMS(安全管理系统)项目即是以内森模型为理论基础，对保障航空安全起到了积极的作用。但内森模型的局限在于没有明确系统模型中"洞"的确切含义，而且内森模型对不安全行为的描述太过抽象，不利于事故调查人员的分析。

2.2　航空维修差错致因理论

2.2.1　海因里希事故因果连锁理论

基于事件链的事故致因理论有很多种，但典型的和航空维修差错密切相关的理论主要有海因里希因果连锁论。

1931 年海因里希首先提出了事故因果连锁论，阐明了事故原因因素之间以及原因与事故结果之间的关系。海因里希是美国的一位安全工程师，他对大量工伤事故进行了统计调查，分析和吸取了前人的研究成果与同行意见，提出了一整套工业安全理论，称为海因里希理论。

海因里希理论共包括 10 项基本内容，这一理论经过数十年的实践和检验，得到安全界的广泛认同，至今仍然行之有效。在飞行事故的调查和预防中同样也起着重要的指导作用。这个理论的 10 项内容如下。

(1) 伤害事件总是各种因素的完整链路，事故是人的行为或物理危险所造成的结果。

(2) 人的不安全行为是事故的主因，所致事故约占全部事故的 90%。

(3) 发生 1 起死亡或重伤事故，就会发生类似的 29 起轻伤事故和 300 起无伤害事故。

(4) 严重的伤害事件是偶然发生的，但可以预防。

(5) 产生不安全行为的 4 个基本原因，为选择纠错措施提供了指导。

(6) 预防事故的 4 种基本办法是技术手段、训练教育、人员调动和及加强纪律。

(7) 预防事故的办法类似于控制产品质量、生产成本和产量的办法。

(8) 管理者对预防事故的发生负有首要责任，他们才能为预防事故提供良好的条件。

(9) 一线管理是预防事故的关键，管理者的监督方法对预防事故的成败起关键作用。

(10) 安全的单位工作效率高，不安全的单位工作效率必然低。

这些内容大部分都符合军事飞行安全的实际，并对飞行事故的预防具有指导作用。美国空军的等级事故与飞行事故征候之比为 1:27，接近海因里希提出的 1:29。这些内容还提醒我们，要减少严重飞行事故，必须深入研究事故征候，只有事故征候减少了，严重飞行事故才会减少。

海因里希在这 10 项内容的基础上提出的骨牌 (Domino)理论也对航空维修差错管理有重要指导意义。它的主要内容是：把造成伤害的事故分成 5 个有顺序的因素，这 5 个因素就像 5 张顺序竖立的骨牌。当有一个因素发生问题时，骨牌向前倾倒，导致后面的骨牌全部倾倒而产生伤害，见图 2-1。

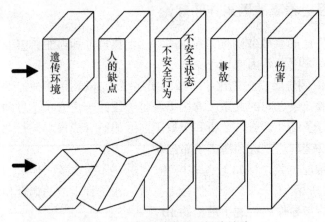

图 2-1　海因里希事故因果连锁论

在海因里希模型里，遗传与环境、人的缺点、不安全行为、事故、伤害构成了伤亡事故五要素序列，各要素的基本含义是：

(1) 遗传因素可能使人具有鲁莽、固执、粗心等不良性格；社会环境可能妨碍教育，助长不良性格的发展。

(2) 人的缺点是由遗传和社会环境因素所造成，是人产生不安全行为或物产生不安全状态的主要原因。

(3) 人的不安全行为和物的不安全状态是造成事故的直接原因。

(4) 事故就是人员受到伤害或出乎意料而失去控制的事件。

(5) 伤害是指直接由于事故而产生的人身伤害。

该理论的积极意义在于，伤害之所以产生是由于前面因素的作用，如果移去因果连锁中的任一块骨牌，将连锁破坏，事故过程即被中止，达到控制事故的目的。其中不安全行为或不安全状态则是关键的中心因素，如将这个中心因素抽掉，不仅前面的因素无效，后面的事故和伤害也不会发生。因此，预防事故最重要的措施应是消除人的不安全行为以及环境或物的不安全状态，从而中断事故的进程，避免伤害的发生(图 2-2)。

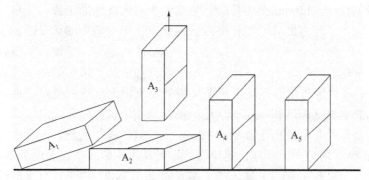

图 2-2　去掉中间因素，使系列中断

通过改善社会环境，使人具有更为良好的安全意识，加强培训，使人具有较好的安全技能，或者加强应急抢救措施等，都能增强事故连锁中的骨牌稳定性或移去不安全骨牌，使事故得到预防和控制。安全管理工作的中心是加强探测技术和控制技术的研究，防止人为的不安全动作，消除机械的或物质的危害。

海因里希理论对事故致因连锁关系描述过于简单化、绝对化，也过多地考虑了人的因素，把遗传和社会环境看作事故的根本原因，表现出了它的时代局限性。尽管遗传因素和人员成长的社会环境对人员的行为有一定的影响，但如果管理者能够充分发挥管理机能中的控制机能，就可以有效地控制人的不安全行为和装备的不安全状态。

1994 年，俄罗斯海军航空兵的一架安-12 运输机承担一起空运任务，有 3 名未经正式批准的军人擅自登机，坐在射击员座舱里。由于射击员座舱密封不好，3 名军人在空中轮流着吸氧，其中有 1 名军人用打火机吸烟，使舱内起火。这名军人被严重烧伤，抢救无效而死亡。

这架飞机之所以会发生飞行事故，是因为机组人员和乘员的素质不高，违犯了飞行纪律，擅自让 3 名军人登机，这是人为过失。这名军人如果不用打火机点烟，不仅前面的因素无效，后面舱内着火的事故以及造成严重烧伤死亡的伤害也不会发生，所以点火是不安全行为，也是中心因素。而事实是这 5 个因素都具备了，而且按顺序都发生了，终于酿成悲剧。

1995 年 12 月 12 日，俄罗斯空军的"俄罗斯勇士"飞行表演队在参加完马来西亚"利马 95"航空展后，满载 60 名军事代团成员途径越南金兰湾机场返回俄罗斯。由一架伊尔-76 和 5 架苏-27 飞机组成的机群由领航机长格列比翁尼科夫少将在空中指挥。混合编队的机群前面是伊尔-76，左侧为 2 架苏-27，右侧为 3 架苏-27。当机群飞到离金兰湾机场大约 120km 时，领航机长与机场取得联系。当时机场上空云底高仅 600m，能见度不好。机场值班员指示领航机长让伊尔-76 在 1500m 空中待命。但这位少将无视地面指挥，擅自决定整个机群按"大盒子"方案降低飞行高度。在此过程中，整个编队又违反了进近降落的程序，提前 10km 开始一转弯，拖延了 53s 才向地面飞行指挥员报告通过正切方向。领航机长的这些错误指挥使整个机群向着高 700m 的小山飞去。此时伊尔-76 的事故警告信号已亮，说明飞机处在离地面很近的危险距离。如果机长当时尚能当机立断，纠正错误，还来得及使整个机群脱离危险。但这位少将并未抓住最后的时机，而在以后的 35s 内没有做出任何反应。一直到飞机离地面仅 32m 时才匆忙向上拉起，迅速爬升，脱离了编队。跟在后面的 5 架苏-27 飞机的飞行员见此情景，手足无措。左侧的 2 架苏-27 的飞行员反应迅速，立即拉起，降落在不远的潘朗机场，而编队中右侧的 3 架苏-27 飞机一起撞在前方的小山头上，机毁人亡，造成一起苏-27 飞行史上的大悲剧。

空中指挥官格列比翁尼科夫少将刚愎自用不听地面指挥，自行决定整个机群编队按"大盒子"方案降低飞行高度，这是事件链的第 1 条，如果他听从地面指挥，以后的事故可能都不会发生。第 2 条事件链是天气不好，云底高仅600m，而山头尚在云中，因此飞行员们根本就看不见前方的小山头，虽然小山只有 700m 高，但飞行的高度却低于 700m，如果没有这样的天气，也不会发生这样的撞山事故。第 3 条事件链是机场飞行保障手段差，金兰湾机场原是美军在越南战争中使用的空军基地，越战后苏联空军占用，后被俄罗斯沿用至今。机场设备陈旧，无法向空中准确及时地传递地面天气信息，如果当时飞行员知道有低云及前方有小山，也不至于会发生撞山。5 架苏-27 有 2 架飞机的飞行员反应灵敏，脱离了险境，而右侧 3 架飞机的飞行员的反应没有左侧 2 架飞机的飞行员反应快，终于不幸遇难，这是第 4 条事件链，连接上了事件链的最后一环。

从理论上讲，只要切断事件链中的其中一环，此类事故就可以防止发生。但实际上并非如此，因为有很多各种各样的事件，其中有些事件又可能与其他事件联接，形成另外的事件链而发生另外一次事故。所以，对寻找到的所有事故原因和有关因素不论主次、不论大小均需采取预防措施，以防同类事故的再次发生。

2.2.2 墨菲定理

爱德华·墨菲(Ed·Ward Murphy)是美国陆军的一名上尉，爱好哲学，且在哲学上有较深的造诣。1949 年他首次提出这样一个定理：如果任何事物能够发生

28

差错，这种差错总是会发生的，或者说只要隐患未除去，事故迟早要发生。这句朴实的话语里确实蕴涵着十分深奥的哲理,概括了不少自然界和社会的现象，在飞行事故的调查研究中也非常适用。

墨菲定理在航空领域内经 50 余年的实践，并且得到了很大的发展，在飞行和维修方面逐渐形成了 15 个具有哲学理念的推论，对飞行安全做出了贡献。

(1) 差错将会在最坏的时刻发生。差错的先决条件是可能会发生，但不是在任何时候都会发生，它需要具备其他条件。

(2) 事物初看时感觉总是很简单。这条推论的真正含义是，表面初看简单的关系，经过深入调查研究，就会发现事物关系的盘根错节，确实需要追根寻源，才能寻找出事故的真正原因。

(3) 如果同时有几件事可能发生差错，则造成损失最大的那件事是发生差错的事。不安全因素有很多，一定要抓住造成事故的不安全因素，并有针对性地进行预防。

(4) 如果放任不管，事物将发展到更坏。飞行事故的隐患不会自动除去的，只有采取积极的有效的实际措施才可能阻止其进一步发展，否则的话情况可能就越来越糟。

(5) 补锅时敲打的时间太长，锅将被敲碎。其寓意是，矫枉不可过正，要把握好度。

(6) 处理事情需要的时间往往比预想的长。有的飞行事故的调查要拖很长时间，因为除了现场调查以外，还要进行一系列的实验室试验或事故重建，常常需要耗费很多时间和艰辛的劳动，最后才能使事故的真正原因水落石出。

(7) 当事物看来正在按预想的方向发展时，就要仔细地朝相反方向观察。先入为主是飞行事故调查的大忌，如果对事故原因已经有了一个初步的想法，而且也发现了一些证据，此时千万不要放过否定这个想法的各种证据，否则可能会导致错误的结论。

(8) 当收油门停车时，接送机组人员的汽车往往正好从停机坪开走。这条推论的意思是不凑巧的事情是经常会碰到的，这属于正常现象。在飞行事故调查中也要采取常规以外的方法来获取证据。

(9) 如果一条规定未被遵守，将会制定出另一条更为复杂的规定。

(10) 最重要的转弯点是在地图边上。

(11) 当叠好地图时，往往地面就要求改变频率。

(12) 地图一旦打开，就不能叠得同原先一样。

(13) 你正想唱歌时，话筒的电门就发生黏结了。飞行员在飞行中想哼几句，此时一定要把话筒电门关上。

(14) 两个飞行安全军官不在一起飞行。这条推理的意思是，如果机上有两个以上的人飞行时，只能有一个人负主责。否则两人互不服气，必然要出问题。

(15) 大自然总是避开隐蔽的缺陷。

墨菲定理在航空中可用以防止错误的设计，指导飞行事故的调查和预防以及对飞行人员和维修人员进行教育，对空军安全管理有直接的参考价值，特别要在以下几个方面做好工作。

1. 进行硬件防错结构设计

对于维修中容易发生差错的部件和飞行人员在操纵飞行时容易发生差错的部件都应采取防错设计，因为只要有任何隐患存在，总有一天会发生事故。如果飞行控制系统有许多电缆插头是互为通用的，就会出现电缆插头的错插而导致飞行事故。墨菲定理不仅涉及对机械的使用问题，也包括机械本身的问题，如部件本身有设计缺陷而导致的故障。这个定理既能指导硬件防错结构设计，也可提高飞机的设计水平和飞机的安全性。

2. 指导飞行事故的调查和预防

根据墨菲定理，对同型飞机的飞行事故和事故征候，如果未曾采取有效措施，那么同类事故还会发生。对于飞行事故调查人员来说，必须掌握各型飞机过去所发生的事故和事故征候的信息，尤其是同型飞机的事故和事故征候的信息。飞行事故调查的结果必然会提出这次飞行事故的原因以及有关因素，包括飞行设计和制造中的缺陷,飞行人员的生理、心理问题以及训练教育的不足，然后对这些因素分别采取预防措施。如果对其中某个因素未采取预防措施或者并未落实，那么以后还会发生同样的差错。

3. 对飞行人员和维修人员进行教育

由于飞行事故往往由多种原因和多种因素所致，因此也涉及到与飞行有关的多种人员，尤其是飞行人员和飞机维修人员。如果他们能理解墨菲定理并付诸实施，那么预防事故的措施也就容易实行，发生事故的可能性也会减少。当然，用墨菲定理进行飞行安全教育可以采用多种形式，但最有效的办法是利用飞行事故的实际例子，既生动又有说服力，而且会在他们的脑子中留下深刻的印象。

2.2.3 SHEL 模型

筛耳(SHEL)模型是一个说明飞行中人为因素的理论。1972 年由爱德华兹(Edwards)首先提出，后来又有人对它进行了补充和修改。

1. 基本模型

SHEL 是 4 个英文单词 (Software，Hardware，Enivronment and Liveware) 的缩写。其模型如图 2-3 所示。

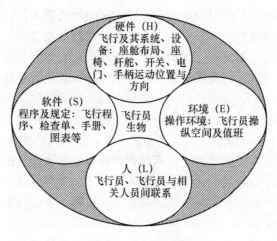

图 2-3　SHEL 模型图

S 代表软件：它包括飞行手册、检查单、飞行程序、计算机程序以及信息显示等；

H 代表硬件：包括座舱、仪表、开关、电门、杆舵、手柄等，它们的布局、位置和运动方向常与人为错误密切相关；

E 代表环境：主要是指座舱内的气压、温度、湿度、振动、噪声、时区变换和轮流值班等；

L 代表人：主要指飞行员和机组人员、机组与交通管制人员之间的关系。

这个模型表示在航空中与飞行员构成界面的 4 个要素以及它们之间的关系。它的主要目的有两个：一是划定了人的因素的研究范围；二是分析飞行员人为错误的来源。

这个模型表明，飞行员是飞行活动的中心，他与硬件、软件、环境和其他人员间的不协调，可能会导致错误的行为，从而会造成严重的飞行事故。

2．硬件防差错设计

由于硬件设计上的缺陷造成人为错误，在航空史上屡见不鲜。因此，在飞机硬件设计时必须有防错设计。对于容易误碰的开关、电门、手柄等必须精心设计，以免导致维修差错发生。这就是 SHEL 模型中的重要思想。

飞行员与座舱环境的关系比较明确，气压、温度、噪声、振动都可能成为人为差错增加的原因。飞行员与驾驶舱内软件的关系虽不那么直观，但这一界面如果协调不好亦可引发飞行员的错误。软件中如果信息遗漏、排序不当等差错，便可能使飞行员操纵错误。

多座军用飞机上人与人之间的关系也是一个重要的安全关系。机组人员间的协调与配合不好也可以引发人为的差错。在组配机组人员时应该有个合理的梯次结构，既不能将技术、职位、资历相当的飞行员安排在一起，也不能将技术、资历、职位相差太大的飞行员分配在一起。前者可能会造成飞行员互不服气，各不相让，使机长的决断失去权威，最后各行其是造成危险。而后者则职位低的飞行员可能不敢提出自己真正的想法而只是盲目服从，难以相互监督，容易造成机长的独断专行。所以，较合理的搭配是机长在技术、资历和职位上应稍高于副驾驶，机长既能听取副驾驶的意见，又能当机立断，发挥指挥作用。机组与地面指挥人员间的语言交流有时也可能是导致飞行员出错的原因，有的甚至造成严重的飞行事故。此外，机组人员之间发生冲突往往耽误决策时间危及飞行安全，只有妥善处理，吸取合理意见，才有利于飞行安全。

3. 人的认知

认识过程由感觉、知觉、判断、决策与行动 5 个环节构成，这 5 个环节缺一不可，同时又各有自己的特点，每个环节又存在着各自的局限性。

人的感受器都具有特异性，只能感受特定形式和特定能量的信息。眼睛感受光线和色彩，耳朵感受声音，鼻子感受气味。但这种感受不仅有个体差异，而且同一个人在不同的条件下也不完全相同。人体的感受器不可能感受外界的所有信息，眼睛只能感受可见光，人耳主要接收音频范围的声音，人脑的前庭可感受重力和加速度，但对匀速运动却无能为力。因此人的感受器的能力是有限的，这也是造成人为错误的一个重要因素。

知觉比感觉高一层，感受器感受的信息经过神经系统传到大脑，大脑对这些信息作出分析，而这种认识有时与真实的情况并不相符，这就造成了错觉。人对知觉对象的认知常常依赖于情境，脱离情境的认知往往出错。知觉又与经验和习惯有关，经验多时可以熟练操作，减轻工作负荷。但如飞行员改换新机种，如果仍然按原先飞机的知觉习惯和动作去操作，可能会出现错误操纵，这称为飞行员行为倒转或技能负迁移。这种倒转往往发生在应急情况下和注意力不集中时，此外，知觉错误也与期望有关。对于信息量不足或者信息模棱两可基础上形成的知觉，飞行员会不自觉地将他认为缺少的信息填补上，或者自认为合理地解释模棱两可的信息。这叫做期望效应，这种期望效应往往成为严重飞行事故的罪魁祸首。

决策是权衡各种因素，决定行动方案的过程。各种可导致生理心理失调的诸因素如疲劳、药物、动机、情绪等等均可影响决策，导致错误的决定。虚无假设和错误推论是决策错误的重要诱因，这常发生于飞行员注意力转移或注意力高度集中时、处理新情境过于自信时、处于防御心理状态时以及动作记忆发生问题时。

决策之后，通过肌肉运动进行操作控制或者使当前的动作受到抑制，这也是人出错的另一个根源。飞行员在飞行中有时会出现决策与行动互相分离,也就是他想的与做的动作并不一致。与飞行员疲劳、控制器设计不合理或者新飞机型与原机型的控制器类似但移动方向不同时,操纵错误便可能发生。

2.2.4 Reason 模型

航空界对维修差错的研究源于 20 世纪 40 年代,研究者提出各种取向的模型来解释其原因,指导事故的调查与分析。其中 Reason 的"瑞士奶酪"模型典型地以组织为取向,目前在航空界被广泛应用。模型是序列性的,最高层的组织因素自上而下地施加影响,强调组织因素对事故及不安全行为的作用。

Reason 认为有两种形式的失效,即现行失效(Active fail ures)和隐性失效(Latent Failures)。前者会对系统造成即时负面影响,由不安全行为,即维修差错和违章所致;后者指不会对系统造成即时负面影响,具有延滞性,由组织过程中错误的决策、监察不到位及操作者准备不充分等所致。该模型属于宏观的理论框架,并不针对某一特定的应用领域。本文借助该框架,提出用于维修差错原因分析及维修差错分类的框架(图 2-4)。

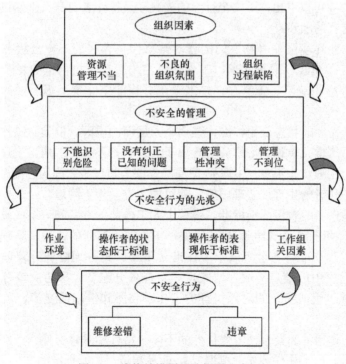

图 2-4　维修差错原因分析及分类框架

1．不安全行为

按照信息加工模型，机务维修人员完成维修任务的过程可以分解成 3 个基本的步骤，即感知觉信息、对获取的信息进行加工和决策作何行动以及最后的行动。据此，维修差错可分为：

(1) 信息感知觉错误，可能是由于工作场所的光线不足、噪声太大、手册印刷质量差等所造成。

(2) 决策错误，可能是由于疲劳、缺乏训练和时间压力等造成。

(3) 注意分配不当，会导致此信息加工过程出现认知偏离(准确性或目标)。

(4) 操作错误，既可能是错误决策的结果，也可能是决策正确但执行错误。

违章可分为惯常违章(Routine Violation)和异常违章(Exceptional Violation)。前者的存在可能和操作者觉得程序或规章麻烦等因素及组织对该违章现象采取默认的态度有关，惯常性违章会发展成操作者的习惯性行为。异常违章体现出的违章行为偏离操作者正常的行为模式，且是组织所不能容许的，因而也难以预测和管理。

2．不安全行为的先兆

从图 2-4 可以看出，不安全行为的先兆涉及操作者自身及维修过程中与其发生直接交互的因素：

(1) 作业环境强调"物"的因素对维修操作存在的不安全状态。环境的温度、湿度、光线、通风状况、工作台整洁与否、飞机构型的复杂性和可达性、零备件标识缺陷、工具存在校准缺陷、作业空间狭小等因素都可能诱发维修差错。

(2) 操作者的状态低于标准，强调个人层面的诱因。例如，工作中盲目乐观、匆忙、厌倦、单调、心理疲劳等属于心理状态不良；疾病、生理疲劳、生理失能等为生理状态不良；生理/心理局限强调人与任务之间的匹配性，若任务要求超越操作者的生理或心理限度，就可能为安全埋下隐患。

(3) 操作者的表现低于标准。强调个人工作前的准备和班组成员之间的协调与配合(即机务维修资源管理)。例如，工作前不节制的饮酒、睡眠不足或完成任务的工具未准备齐全等属于工作准备不足。机务维修资源管理主要强调维修任务过程中的信息沟通、情景意识、任务分配及领导与决策等内容。如班次之间或班组成员之间对已执行的工作项目不作清晰的交流，就可能导致遗漏错误。

(4) 工作相关因素包括维修任务的不安全特性和维修文件、程序和工作卡存在的缺陷。如工作任务异常单调或复杂/易混淆，初始批准的文件不易理解，资料未及时更新，工作卡漏项目、翻译不正确，可操作性差或次序混乱等。这些程序是维修人员的操作指南,存在缺陷必然会大大增加出现维修差错的几率。

3. 不安全的管理

按照 Reason 模型,维修实践是在直线管理(Line Management)下进行的,直线管理层面的漏洞属于隐性失效,对系统构成潜在的、直接的负面影响,许多维修差错都可以在管理上找到源头。维修作业中的不安全管理可分成 4 个部分:

(1) 不能识别危险,指管理层不能认识到一些危险因素,如操作者在生理上或心理上未做好工作准备、工作场所不符合已制定的程序等。

(2) 没有纠正已知的问题,指管理层明知设备、工具、训练及其他方面存在一些不安全问题,但任由其存在不做修正。

(3) 管理不到位,主要指管理的质量和管理的数量的欠缺,如对维修实践中必要的工具、设备、材料及人员的支持不够,不能给予适当的培训,缺少监管或监管过多,安排的工作负荷过重等。

(4) 管理性冲突,指管理层有意忽视程序和其他操作规程的行为,如允许使用未经批准的程序,安排不合格的人员执行某项任务,甚至有意让操作员违反规章或程序等。

4. 组织因素

如前所述,最高层的组织因素自上而下,对下层的直线管理和不安全行为的先兆及不安全行为产生弥散性的影响。遗憾的是,此层次的问题经常被忽视。美国发现号航天飞机在返回时爆炸暴露出的主要原因是 NASA 的管理方面的问题,结果使得各界对这一层次有了新的警觉。一般来说,组织层面的隐性失效包括 3 个方面:

(1) 资源管理不当,主要指在组织资源的管理、分配与维持上存在的问题,如人力资源(选拔、训练和配备)管理不当、内部信息资源在部门间缺少沟通、设备资源不足等。

(2) 不良的组织气氛,如容忍习惯性做法、为维护局部利益隐瞒不报、忽视维修过程中的小差错、管理层与一线维修人员对立、过分强调惩罚等。

(3) 组织过程缺陷,主要涉及与运营过程直接相关的政策和安排,如组织政策不公平、组织的排班程序存在缺陷、过分强调效率与周期而忽视质量、部门之间的工作任务不平衡等。

2.3 人的认知可靠性理论

近年来,人的可靠性日益受到重视,多方面的研究表明人的差错在系统故障中占有相当大的比例。据文献介绍,总故障的 10%~15%是直接由人引起,这表明：人是引起各种故障的直接或间接原因，因此应在可靠性工程中充分考虑人因的影响，减少人的错误，从而根本提高产品的可靠性。目前，国外学者对人的可靠性的研究较多，而国内的研究则相对缺乏。

2.3.1　人的可靠性分析

评价人的可靠性或人的错误的方法主要有两种：基于风险分析的方法和基于认知模型的方法。

1. 基于风险分析

(1) 以机器为中心的方法。这类方法主要有 FMECA、FTA、ETA 以及这几种方法的综合。该类方法通过分析人的错误、鉴别可能错误的原因，来估计其对整个系统的影响，以采取适当措施，消除人的影响。这种方法的优点是：具有很大的灵活性，能对系统有较深入的认识，对各种故障模式和影响进行周密考虑；缺点则是较难评估人的行为对系统的影响，因为其所需的人的行为概率数据在实际中很难得到。目前，该种方法发展得比较成熟。

(2) 以人为中心的方法。该类方法综合考虑通过专家主观判断或者事件分析数据库或者规定的概率表估计得到的不同参数来计算人的错误概率。方法的主要不足是各种分析的结论往往不相同，而且一些分析方法需要运行时的数据库和关于人的错误的知识往往在实际中不存在或者不完全。

2. 基于认知模型

这类方法基于错误分类，利用人的认知心理模型和人的行为科学理论，来解释人的错误的原因及其影响，从而减少人的不可靠行为和提高系统的安全性。该类方法的不足在于它是一种静态的方法，只能离线地支持而且在错误分类时面临解释的模糊性和如何验证的问题。近来发展的方法有 CREAM、MERMOS、HEROS、ACTH 等。

还有一种非概率的分析人的可靠性的方法 ACTH，运用简化的认识模型和预期及回顾的分析来确定人的不可靠性行为的影响。其运用于铁路部门，取得了良好的效果。该方法中提出一种基于人机系统模型和运用模糊理论的专家系统 HEROS，解决了可靠性分析时的模糊性，并减少了分析者的主观影响。

基于风险分析的方法是一种传统的人的可靠性分析方法，它在确定错误原因和提供减少错误的策略上存在着极大的不足。而基于认知模型的方法则能提供更为详细的错误分类，以及性能影响因素，并关注了人的认知错误，从而更加精确地确定错误类型和原因人机接口技术。

Smiti 和 Mosie，指出在数据处理中经常发生的严重错误往往来源于令人迷惑的人机接口设计。现在流行的一个主题是"条件感知"，即让人充分了解周围环境条件。NASA 和 FAA 一直在人为因素方面进行重点研究，其最终目标是提高人机接口和操作者的可靠性。最近的一些进展是：

(1) 将人机系统模拟成为实用的工程技术。

(2) 模拟自由飞行中的运输器性能。

(3) 控制器性能和工作负荷测量。

(4) 控制器的视觉扫描。

人的因素研究实验室和上海交通大学的海洋工程系完成了油田控制系统的人机接口(HCI)设计研究。这一研究在对在定量分析 HCI 操作复杂性中引入信息的平均信息量提出了一些新的见解：指出一种基于信息理论概念的评估人机接口系统复杂度的方法，在系统的早期人机接口设计阶段应用，可以取得很好的效果。另一文献探讨了语音合成技术在载人航天器人机接口中的应用。

人机接口技术已经成为研究、设计和分析的一个热门课题。

2.3.2　软件中人的因素

目前，提高软件质量的方法主要集中在利用软件工程的一套管理方法和规则来减少人的错误和规范人的行为，可以取得一定效果，但是由于人因引起软件失效，发生错误乃至故障的情况仍然是软件质量中一个严重的问题，这就启示我们是否可以用结合人的因素的可靠性分析方法来重新考虑软件的质量问题，从行为科学、人机工程学和认知科学入手，对现有的方法重新评估或提出新的规则和方法。

通过调查和分析人的可靠性和软件开发、管理之间的关系，表明人因在软件工程中影响之巨大，研究软件中的人的可靠性问题已是一项重要且紧迫的工作，并指出目前缺乏人的因素分析的组织和管理策略决定技术，这一技术的发展将极大地提高软件的质量。马里兰大学也在软件开发的人为行为方面进行了研究，他们研究出了在软件开发和除错过程中人的错误与软件失效强度函数之间关系的随机模型。

2.4　人的安全行为理论

安全行为理论是安全行为科学的重要基础理论，安全行为科学又是行为科学的重要应用分支。安全行为科学不但将行为科学研究的成果为其所用，同时又丰富了行为科学的内容。因此，安全行为科学与行为科学是相互交叉和兼容的关系，是行为科学在安全中应用而发展起来的应用性学科。

2.4.1　安全行为科学的基本概念

行为科学是一门综合学科，是由与研究行为有关的学科组成的科学群，是从社会学和心理学角度研究人的行为的一门科学。它研究人的行为规律，主要研究工作环境中个人和群体的行为。目的在于控制并预测行为，通过改善社会环境以及人与人之间的关系来提高工作效率。行为科学的研究对象是人的行为规律，期望能根据行为规律预测人们在某种环境中可能产生的言行，控制行为指根据行为规律纠正人们的不良行为，引导人们的行为向社会规范的方向发展。人的行为是个人生理因素、心理因素和社会环境因素相互作用的结果，行为研究广泛地涉及许多学科的知识，其中居核心地位的是心理学、社会心理学、社会学和人类学。行为科学是一门应用极其广泛的学科，行为科学的基本理论和方法是我们研究和发展安全行为科学的基础和借鉴。

安全行为科学是建立在社会学、心理学、生理学、人类学、文化学、经济学、语言学、法律学等学科基础上，分析、认识、研究影响人的安全行为因素及模式，掌握人的安全行为和不安全行为的规律，实现激励安全行为、防止行为失误和抑制不安全行为的应用性学科。安全行为科学的研究对象是以安全为内涵的个体行为、群体行为和领导行为。安全行为科学的基本任务是通过对安全活动中各种与安全相关的人的行为规律的揭示，有针对性和实用性地建立科学的安全行为激励理论和不安全行为的控制理论及方法，并应用于指导安全管理和安全教育等安全对策，从而实现高水平的安全生产和安全生活。安全行为科学可以应用于企业管理，为调动人的积极性和提高工作效率服务；也可以应用于部队装备管理，用以纠正不良行为，控制维修差错，提高管理效能，发挥军事效益。

安全行为科学与安全管理学科有必然的联系。安全行为科学实际上是安全管理科学的一个组成部分。它是通过揭示人们在劳动生产和组织管理中的安全行为及其规律，研究如何进行有效的安全管理和安全作为的一门科学。

2.4.2　安全行为科学的研究范畴

安全行为科学是把社会学、心理学、生理学、人类学、文化学、经济学、语言学、法律学等多学科基础理论应用到安全管理和事故预防的活动之中，为保障人类安全、健康和安全生产服务的一门应用性科学。

1. 研究对象

安全行为科学的研究对象是社会、企业或组织中的人和人之间的相互关系以及与此相联系的安全行为现象，主要研究的对象是个体安全行为、群体安全行为和领导安全行为等方面的理论和控制方法。

2．主要内容

安全行为科学的主要内容包括：安全行为规律的分析和认识；安全需要对安全行为的作用；劳动过程中安全意识的规律；个体差异与安全行为；导致事故产生的心理因素分析；挫折、态度、群体与领导行为；注意力在安全中的作用；安全行为的激励等。

3．基本任务

安全行为科学的基本任务是通过对安全活动中各种与安全相关的人的行为规律的揭示，有针对性和实用性地建立科学的安全行为激励理论，并应用于提高安全管理工作的效率，从而合理地发展人类的安全活动，实现高水平的安全训练与生活。

4．研究方法

研究安全行为的方法有如下几种：

(1) 观察法。即通过人的感官在自然的、不加控制的环境中观察他人的行为，并把结果按时间顺序作系统记录的研究方法。

(2) 谈话法。即通过面对面的谈话，直接了解他人行为及心理状态的方法。应用前事先要有周详的计划，确定谈话的主题，谈话过程中要注意引导，把握谈话的内容和方向。这种方法简单易行，能迅速取得第一手资料，因此被行为科学家广泛应用。

(3) 问卷法。是根据事先设计好的表格、问卷、量表等，由被试者自行选择答案的一种方法。一般有三种问卷形式：判断式、选择式和等级排列式。这种方法要求问题明确，能使被试者理解、把握。调查表收回后，要运用统计学的方法对其数据作处理。

(4) 测验法。采用标准化的量表和精密的测量仪器来测量被试有关心理品质和行为的研究方法，如常见的智力测试、人格测验、特种能力测验等。这是一种较复杂的方法，需由受过专门训练的人员主持测验。

2.4.3　安全行为模式分析

研究人的安全行为模式是揭示行为规律的重要工具。由于人具有自然属性和社会属性，人的行为模式通常也从这两个角度来研究。一是从人的自然属性角度，即从生理学意义上来研究人的行为模式，二是从人的社会属性角度，即从心理学和社会学意义上来研究人的行为模式。

1．人的生理学行为模式——自然属性模式

人的自然属性行为模式是从自然人的角度来说的，人的安全行为是对刺激

的安全性反应，这种反应是经过一定的动作实现目标的过程。人的一般安全行为模式规律是：

刺激(不安全状况)→人的肌体→安全行为反应→安全目标的完成

上述几个环节相互影响、相互联系、相互作用，构成了人的千差万别的安全行为表现和过程。虽然这种过程是由人的生理属性决定的，但在因果关系上呈现两个共同点：相同的刺激会引起不同的安全行为，相同的安全行为来自不同的刺激。

正是由于安全行为规律的这种复杂性，才产生了多种多样的安全行为表现，同时也给人们提出了研究领导和基层各个方面的安全行为科学课题。

2．人的心理学行为模式——社会属性模式

从人的社会属性角度出发，人的行为遵循如下行为模式规律：

安全需要→安全动机→安全行为→安全目标实现→新的安全需要

需要是一切行为的来源，人有安全的需要就会有安全的动机，从而就会在行为的各个环节进行有效的安全行动。因此，需要是推动人们进行安全活动的内部原动力，动机是为满足某种需要而进行活动的念头和想法。在分析和判断事故责任时，需要研究人的动机与行为的关系，透过现象看本质，实事求是地处理问题。动机与行为存在着复杂的联系，但往往同一动机可引起种种不同的行为，同一行为可出自不同的动机，合理的动机也可能引起不合理甚至错误的行为。

安全行为科学认为，研究需要与动机对人的安全行为规律有着重要意义。人的安全活动，包括制定方针、政策、法规及标准，发展安全科学技术，进行安全教育，实施安全管理，进行安全工程设计等，都是为了满足安全的需要。因此，研究安全行为的产生、发展及其变化规律，就需要研究人的需要和动机。其基本的目的就是寻求激励人、调动人从事安全活动的积极性和创造性，按科学规律和组织目标去进行，最终使安全活动变得更有成效。

2.4.4　安全行为因素分析

安全行为具有多样性、计划性、目的性、可塑性，并受安全意识水平的调节，受思维、情感、意志等心理活动的支配，也受道德观、人生观和世界观的影响。安全行为科学正是研究安全行为影响因素的学科。

1．情绪对安全行为的影响

情绪为每个人所固有，是受客观事物影响的一种外在表现，从安全行为的角度看，情绪处于兴奋状态时，人的思维与动作较快；处于抑制状态时，思维与动作显得迟缓；处于强化阶段时，往往有反常的举动，思维与行动不协调、

动作之间不连贯，成为安全行为的忌讳。

2．气质对安全行为的影响

气质是一个人所具有的典型的、稳定的心理特征。气质使个人的安全行为表现出独特的个人色彩。人的气质一般分为四种。

(1) 多血质。活泼、好动、敏捷、乐观，情绪变化快而不持久，善于交际，待人热情，易于适应变化的环境，工作和学习精力充沛，安全意识较强，但有时不稳定。

(2) 胆汁质。易于激动，精力充沛，反应速度快，但不灵活，暴躁而有力，情感难以抑制，安全意识较前者差。

(3) 黏液质。安静沉着，情绪反应慢而持久，不易发脾气，不易流露感情，动作迟缓而不灵活，在工作中能坚持不懈、有条不紊；但有惰性，环境变化的适应性差。

(4) 抑郁质。敏感多疑，易动感情，情感体验丰富，行动迟缓、忸怩、腼腆，在困难面前优柔寡断，工作中能表现出胜任工作的坚持精神，但胆小怕事，动作反应性强。

在客观上，多数人属于各种类型之间的混合型。人的气质对人的安全行为有很大的影响，使每个人都有不同的特点以及各自安全工作的适宜性。因此，在工种安排、班组建设、使用安全干部和技术人员，以及组织和管理维修人员队伍时，要根据实际需要和个人特点来进行合理调配。

3．性格对安全行为的影响

性格是每个人所具有的、最主要的、最显著的心理特征，是对某一事物稳定和习惯的方式。性格表现在人的活动目的上，也表现在达到目的行为方式上。性格较稳定，不能用一时的、偶然的冲动作为衡量人的性格特征的根据。但人的性格不是天生的，是在长期发展过程中所形成的稳定的方式。人的性格表现得多种多样，有理智型、意志型、情绪型。理智型用理智来衡量一切，并支配行动；情绪型的情绪体验深刻、安全行为受情绪影响大；意志型有明确目标、行动主动、安全责任心强。

4．社会知觉对安全行为的影响

知觉是眼前客观刺激物的整体属性在人脑中的反映。客观刺激物既包括物也包括人。人在对别人感知时，不只停留在被感知的面部表情、身体姿态和外部行为上，而且要根据这些外部特征来了解他的内部动机、目的、意图、观点、意见等。人的社会知觉可分为 3 类：

(1) 对他人的知觉。主要是对他人外部行为表现的知觉，并通过对他人外部行为的知觉，认识他人的动机、感情、意图等内在心理活动。

(2) 人际知觉。人际知觉是对人与人关系的知觉。人际知觉的主要特点是有明显的感情因素参与其中。

(3) 自我知觉。自我知觉是指一个人对自我的心理状态和行为表现的概括认识。

人的社会知觉与客观事物的本来面貌常常是不一致的,这就会使人产生错误的知觉或者偏见,使客观事物的本来面目在自己的知觉中发生歪曲。产生偏差的原因有:第一印象作用、晕轮效应、优先效应与近因效应、定型作用。

5. 价值观对安全行为的影响

价值观是人的行为的重要心理基础,它决定着个人对人和事的接近或回避、喜爱或厌恶、积极或消极。人们对安全价值的认识不同,会从其对安全的态度及行为上表现出来。因此,要求有合理的安全行为,首先需要有正确的安全价值观念。

6. 角色对安全行为的影响

在社会生话的大舞台上,每个人都在扮演着不同的角色。每一种角色都有一套行为规范,人们只有按照自己相应的行为规范行事,社会生活才能有条不紊地进行,否则就会发生混乱。角色实现的过程,就是个人适应环境的过程。在角色实现过程中,常常会发生角色行为的偏差,使个人行为与外部环境发生矛盾。在安全管理中,需要利用人的这种角色作用来为其服务。

人的安全行为除了内因的作用和影响外,还有外因的影响。环境、物的状况对劳动生产过程的人也有很大的影响。环境变化会刺激人的心理,影响人的情绪,甚至打乱人的正常行动。物的运行失常及布置不当,会影响人的识别与操作,造成混乱和差错,打乱人的正常活动。环境好,能调节人的心理,激发人的有利情绪,有助于人的行为。物设置恰当、运行正常,有助于人的控制和操作。要保障人的安全行为,必须创造很好的环境,保证物的状况良好和合理,使人、物、环境更加谐调,从而增强人的安全行为。

2.4.5 安全心理指数分析

从传统的经验管理过渡到安全科学管理,需要对人的不安全行为进行科学的预防和控制。为此需要研究导致事故的心理因素。

1. 事故原因与人的心理因素

引起事故的原因多种多样,有设备因素也有人的因素。人的因素除了生理因素外,还有心理因素的影响。从安全心理学理论出发,人为事故原因分为3类。

(1) 有意或无意违犯安全规程,破坏或错误地调整安全设备;放纵喧闹、开玩笑分散他人注意力;安全操作能力低,工作缺乏技巧;与人争吵,工作热情下降；行动草率过速或行动缓慢；无人道感，不顾他人；超负荷工作，力不胜任。

(2) 没有经验，不能查知事故危险；缓慢的生理反应和生理缺陷；各器官缺乏协调；疲倦，身体不适；注意力不集中，心不在焉；职业选择不合理；夸耀心，贪大求全。

(3) 激情、冲动、喜冒险；训练、教育不够、无上进心；智能低，无耐心，缺乏自卫心理，无安全感；家庭原因，心境不好；恐惧、顽固、报复或身心缺陷；工作单调，或单调的业余生活；轻率，嫉妒；未受重用，遭受挫折，心绪不佳；自卑，或冒险逞能，渴望超群；受到批评，心有余悸。

第三类表现了基本的心理原因。而事故发生前，人在行动起点上的心理大致有五方面的因素：素质癖性；无知，智能低；无意工作，缺乏注意力；被外界吸引，心不在焉，工作掉以轻心；抑郁消沉。

2．导致事故的心理分析

心理学的"事故倾向理论"认为有些人不管工作情境如何，也不管他们干什么工作，总是易于引发事故。这种理论的意义在于通过对事故造成者进行测量，找出他们的共同个性特征，然后对其个性进行调整或进行安排性适应，如把容易出事故的人分配去做不易发生事故的工作，而把那些在个性方面不容易出事故的人分配去做易发生事故的工作。

(1) 性格与事故。性格是一个人较稳定的人生态度和习惯化的行为方式。性格分为情绪型、意志型和理智型。具有理智型性格的人，行为稳重且自控能力强，行为失误少，相比之下情绪型则易于发生事故。由于情绪型属外倾性格，行为反应迅速，精力充沛，适应性强，但好逞强，爱发脾气，受到外界影响时，情绪波动大，做事欠仔细。意志型的人属内倾性格，善于思考，动作稳当，但反应迟缓，感情不易外露，对外界影响情绪波动小，但由于个性较强，具有主观倾向，因此也具有事故心理侧面。性格是在生理基础上，在社会实践活动中逐步形成的，是环境和教育的结果。

(2) 情绪与事故。情绪是人心理的微观波动状态，人的行为过程往往受情绪的支配。喜、怒、哀、乐、悲、恐、惧对行为产生很大影响。当情绪处于极端状态时，往往是行为失常的基础；行为的失常又常常是事故前提。气质、兴趣、态度等个性心理因素，也与事故行为有特定的联系。

3．事故心理结构及控制

为了更好地防止事故，需要对事故心理进行有效的控制，控制的前提是预测，事故心理的预测方法有 3 种。

(1) 直观型预测。主要靠人们的经验、知识综合分析能力进行预测。如征兆预测法等。

(2) 因素分析型预测。是从事物发展中找出制约该事物发展的重要因素，以作为该事物发展进行预测的预测因子，测知各种重要相关因素。

(3) 指数评估型预测。对构成行为人的引起事故的心理结构若干重要因素，分别按一定标准评分，然后加以综合，做出总估量，得出某一个引起事故的可能性的量的指标。

事故心理的控制就是要通过消除造成事故的心理状态，以达到控制事故行为，保证安全生产的目的。事故的心理因素是对由于影响和导致一个人行为而发生事故的心理状态和成分的总称。

影响和导致一个人发生事故行为的心理因素，不仅内容多，而且各种因素之间存在着复杂而有机的联系。影响和导致一个人发生事故行为的各种心理因素被称作事故的心理结构。在实际工作中，当引起事故的心理结构，遇上引起事故的性格，同时碰到引起事故的机遇时，就必然会出现引起事故的行为。由此，可得出最基本的逻辑模型：

造成事故的心理结构+事故机遇＝导致事故的行为发生(事故)

这一事故模型告诉我们，在研究引起事故发生的原因时，首先要考虑肇事者的心理动态，分析事故心理结构及其对行为的影响和支配作用，从而弄清事故心理结构和与事故行为的因果关系。也就是说，可以通过研究造成事故者心理结构的内容要素和形成原因，探寻其心理结构形成过程的客观规律，找出产生事故行为者的心理原因。

在研究事故的预测问题时，应着重于研究造成事故的心理预测，通过调查研究和统计分析进行预测。

2.4.6　安全行为理论应用

安全行为理论可用来深入、准确地分析事故原因和责任，科学高效地控制人为事故。同时，安全行为理论可应用于安全管理、安全教育、安全宣传、安全文化建设等，也可以为提高专职安全管理人员的综合素质。作为安全行为理论的应用，主要有如下几个方面：

1. 用行为理论分析事故原因和责任

安全行为理论认为，造成人为失误的原因很复杂，对人为事故原因应该进行深入细致的分析。对于心理和主观方面的原因，应通过教育、监督、检查、管理等手段来控制或调整；对于生理和客观方面的原因，在管理和教育的手段外，要多从物态和环境的方面进行研究。行为科学理论中的行为模式分析、行为因素分析、挫折行为研究、注意力与安全行为、事故心理结构、人的意识过程等理论和规律都有助于研究和分析事故的原因。

根据心理学所揭示的规律，人的行为由动机支配，而动机则由需要引起。需要、动机、行为、目标四者之间的关系非常密切。其中，动机和行为的关系更为复杂，安全管理中在分析判断事故责任人时，应从行为与动机的复杂关系入手，为此可从 3 个方面进行考虑。

(1) 同一动机可引起不同的行为。

(2) 同一行为可出自不同的动机。

(3) 合理的动机也可能引起不合理的行为。

空军有完善的事故处理与责任分析制度，在分析事故责任者的行为时，要全面分析个人因素与环境因素相互作用的情况，任何行为都是个人因素与环境因素相互作用的结果，是一种综合效应。因此，事故责任者的行为与个人因素和环境因素有关，在分析问题时，要从动机入手，实事求是，透过现象看本质，尽量使事故责任处理准确合理。

2．在安全管理中运用行为科学

用行为科学指导合理安排工作，根据人的个性心理，合理选择工种在国外得到了普遍应用。在我国，还没有普遍性，对于一些特殊的岗位，应该利用行为科学中对于性格、气质、兴趣等个性心理行为规律研究的成果，进行合理的工作安排，减少可能的行为失误，要分析情绪、能力、爱好、生理等特点和状态做出合理的协调。

空军有完善的奖惩制度，科学应用管理手段。安全管理中要善于应用激励理论进行科学管理，如科学运用激励理论激发安全行为，利用角色作用理论，调动各级领导和安全兼职人员的积极性；应用领导理论进行有效的安全管理等。

进行合理的专业搭配，在考虑专业人员的搭配上，为使团体行为安全协调，需要研究人员结构效应，并考虑气质互补、性格互补、价值观倾向搭配等。

3．安全宣传与教育中运用行为科学

空军历来就重视安全教育和安全宣传，但安全教育和安全宣传的效果往往与其组织形式有关。从行为科学的角度，利用心理学、社会学、教育学和管理学的方法和技巧，会取得较好的效果。应利用认知技巧中的第一印象作用和优先效应强化新手的三级教育；应用意识过程的感觉、知觉、记忆、思维规律，设计安全教育的内容和程序；应研究安全意识规律，通过各种方式强化人的安全意识等。

4．用行为科学指导安全文化建设

空军安全文化建设的目标就是要全面提高部队的安全文化素质。在部队，不同的对象对安全文化的内容和要求是不一样的，不同的对象需要采取不同的安全文化建设方式。行为科学的理论还认为，人的行为受心理、生理等内部因素的支配和作用，也受人文环境和物态环境等外部因素的影响和作用，因而人的行为表现出其动态性和可塑性，对于行为的控制和管理需要动态、变化的方式与之适应，还要求有艺术、形象、美感的技巧，才能达到理想的效果。因此，安全文化活动需要定期与非定期相结合；安全教育需要必要的重复，也需要艺术的动态；安全宣传有技巧与关键；安全管理要从简单的监督检查变为艺术的激励和启发等。

5. 提高安全监管人员的心理品质

空军部队必须要设立专职的安全管理和监察岗位，配备具有较高的思想品质和能力素质的专职安全管理人员。这些安全监管人员应当具有工作所必需的道德修养、良好的分析问题的能力、敏捷与灵活的思维和善于综合处理问题的能力；安全监管人员应具有空间想象的能力；还要求具有果断、耐心、沉着、自制、有主见、纪律性强和认真精神等个性品质，以及较好的人际关系处理方面的艺术。良好的修养、合作精神，个人利益服从集体利益和国家的利益，完成任务的纪律性，自我牺牲精神等，都是安全监管人员应具有的品质。安全认识活动的复杂结构要求掌握心理学知识、思维的高度和深度、分析问题解决问题的独立性和批判性、善于根据个别事实和细节复现过去事件的模型、思维心理过程的状态应当保证揭示信息的系统性与完备性、保证找到为充分建立过去事件模型所必需的新信息的途径等，都要求有行为科学的知识。安全管理与监察工作者在完成自己职责时，还需要适应各种不利的条件，善于抑制各种消极性情，只有建立在对智力、意志和情绪的品质进行训练基础上的适应性，才能很好完成复杂的各种安全分析、事故处理等活动。通过对安全行为科学的研究和掌握，对提高安全监管人员的全面素质具有现实的意义。

第3章　维修差错的致因分析

维修差错并非随机出现，而是由人所处的环境情况和任务因素形成。工作地点的差错，其产生条件通常被称为影响因素。差错发生时，这些因素就存在附近的环境中。图3-1列出了围绕第1章所介绍的差错类型的各种因素。差错也可能反映机构深层中更大的系统的问题。我们将在后面的章节进一步予以讨论。

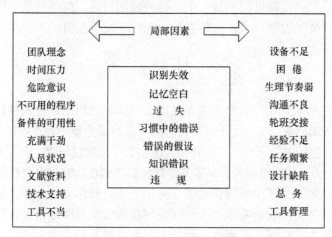

图 3-1　影响维修差错的因素

很多潜在的因素无论好坏都会影响工作。国际民航组织(ICAO)列举了包括寒冷、酷暑、厌倦、营养问题甚至牙疼在内的超过 300 种影响因素。但经验最终表明在维修事故和事件报告中反复出现的只是数量相对有限的因素。

当考虑工作地点和增加差错发生概率的因素时，可以将注意力集中在一个相对可控的名单上。在下面的内容中我们将考虑维修中的关键因素及其可能引发的各种差错。

3.1　文　献　资　料

维修是典型的基于文献资料且止于文献资料的工作。文献资料不仅传递执行任务的相关指令，而且通过记录任务的完成和系统扰动的程度在交流中起着关键作用。

一项关于航空公司维修人员日常活动的研究表明，维修人员在大部分的工作时间里根本不需要直接接触飞机，他们只需要签核文件读本、技术日志、工卡和维护手册的使用及任务。对工作越陌生，在文献资料上花费的时间就越长。文献资料可以对新的或不熟悉的工作的执行进行指导。但是，随着人们对一项工作的熟悉度的加深，他们使用文献资料的可能性就会变小。这样，特别是在程序发生变化时就存在风险。

由于纸质记录在维修中很重要，所以导致很多事件的原因来源于设计不良的文献资料也就不足为奇了。含义模糊、冗长、重复的程序常常是导致差错产生的因素。缺乏实用性以及不切实际的程序特别容易导致违规的发生。虽然重编一个机构的文献资料可能不是一个可行的短期目标，但仍然是可以逐步进行改进的。例如页面设置、图表和警告都会有助于减少差错。

3.2 时 间 压 力

从飞行的早期开始，航空维修人员就面临要使飞机重新投入使用的压力。但由于营运人竭力降低飞机用于维护的时间，这种压力就更为严峻，甚至成为大部分维修人员生活中的一部分。这就极大地增加了风险的程度，介于真实情况与外加的时间压力之间的维修人员很容易走捷径以达到在短时间内重新使用飞机。

维修系统内建立了用于捕获关键任务中出现差错的安全保障，诸如独立检查、功能测试之类的安全保障。这些捕获差错的安全保障通常在工作即将完成的最后关头发生，这时正是压力达到最大限度，也是最可能且最大遗漏或缩减程序的念头最强烈的时候。

在对维修人员的早期调查中发现，导致事件的因素中最常见的就是时间压力。特别值得注意的是，32%的回答者在报告中说，他们有过因时间紧张而没有完成原定要求的功能检查的情况。当时的决定看起来是安全合理的，但在压力下做出的决定不见得是经得起考验的。

3.3 工具保管与控制

在远程轮船使用的黄金时代，在船上干活的维修人员有一套简单而有效的管理工具的方法。如果是在水上作业，要把螺丝刀等工具拴在麻绳上。工具保管，包括工具和设备的使用跟踪方法，是增加或减少差错出现几率的重要因素。这种保管跟踪已延伸到对维修中使用的各个项目的跟踪，例如抹布和拆下的或分解的构件。

军用机械师使用部队提供的工具，存放在工具架或工具箱内，而民用机械师通常都有自己的工具。然而，只要维修人员能自己保管工具就无法实现较为严格的工具管理。外科手术中采用的药签和仪器计数方法就降低了将手术器械缝入病人体内的几率。

一个单位的工具保管反映出人们的观念和工作方式。将拆下来的紧固件放在显而易见的地方，这个场景向我们传达的信息是：我意识到下一个接班的人可能不知道这些部件是拆下来的，因而需要放在明显的地方加以提示。

另一方面，把部件放在就近的台架或实验台上，是为了假定人们能根据这个完整地勾画出所发生的事情。不完善的保管和工具管理将增加错误假设和记忆空白的可能性。管理存放工具和器件的保管方法不仅是为了方便，还是一种重要的沟通方式，为人们提供情况信息，降低了错误发生的概率。下节将对沟通进行进一步阐述。

3.4　协作配合与沟通

维修人员的个性各有不同，其中刻板陈规的一类人总是喜欢毫无抱怨安静地做事。而一些最严重的维修差错就是因为沟通不良造成的。

最近有一份调查要求美国的高级机械维修师列举出工作中最具挑战性的部分。答案中最多见的就是"人际关系"的问题。团队协作需要的不仅是技术方法，我们经常会忽略人与人之间沟通技巧发展的需要。美国国家安全委员会委员 John Gogila 本身也是一位维修技师，他提出：维修经理和技师们的技术技能很强，他们在工程上下了很大功夫，但有时缺乏沟通技巧，从而很难保证当今复杂操作的安全性。我们需要的就是不拘束于社交层面之间的较好的平衡。

在一份澳大利亚维修的调查中，12%的报告反映了诸如误解、不良的团队协作或沟通及错误假设等的协作问题。很多情况下，人们会对自己的工作进行默认的假设，而没有互相进行沟通和确认，此时配合协作出现了问题。有时维修人员担心如果过于认真地检查同事的工作或询问太多问题，可能会冒犯到同事。

下面将阐明由于人的假设和不良沟通产生的协作困难。

我们两人进行飞机签派。前转向旁路销钉没有拔下来，飞机却开始滑跑，发现没有转向响应，便立即停下。拔下销钉后一切操作正常。这是一项重复性的工作，我们却都以为对方已经做过。

还有一些情况是因为文化障碍和缺乏果断造成的沟通不良，如下例。

一个机身和发动机的消油管没有正确地固定住，我已经发现了，但没有说出来，因为一个电子维护工程师对发动机和机体系统的建议是不受欢迎也不被重视的。

很多的大型航空公司对机组人员进行诸如任务委派、沟通、管理和领导等非技术性技巧的培训。人们越来越多地认识到诸如此类的技巧培训无论是对机组人员还是维修人员都同等重要。

3.5 工具和设备

对工作质量影响最大的条件就是工作中用到的工具和设备。

在一项澳大利亚的调查中发现，最常提到的排第二位的因素是设备的缺乏，很多情况下是指缺少恰当的地面设备和工具。例如没有拿到需要的工具而临时想办法，而临时采用的很多设备问题常常会导致维修人员自身发生危险。

我们在前货舱有工作要做，所以想尽快完成工作，这样就可以利用发动机站台架进入货舱。站台架顶比货舱地板还低 4 英尺，使用它只是因为这是惟一可用的站台架。一个维修人员从货舱出来时掉到台架上，然后跌落到地面。

其他情况下，地面工具设备的设计也是事件起因的一部分。

上一组轮班人员在飞机上安装了一个特殊工具，但最后忘记拆下来，而且他们也没有在维修日志上记录这一工具的安装。当我准备拖飞机时，我发现了该工具，并把它拆下来，可是我不知道工具有两部分。因为天黑我没有看到仍留在飞机上的另一部分。等到飞行员进行操纵检查时才发现该问题。工具上没有加飘带，此事件后才喷漆成红白亮条颜色。

维修工具的维护也是管理中一项重要的工作，但有时得不到应有的重视。维修者的适应性也是问题之一。没有合适的台架可用，可以使用另一个；没有适用的工具，可以做一个。显然，设备缺乏会导致违规。由于没有完成该工作可以使用的替代品，所以就引发了违规的行为。如果维修者因为一件设备的不可用而立即停工，那么管理上的问题就显而易见。但人们往往幸存着一种没有工具也能完成工作的心态，就使得这个假设无法实现。

3.6 疲 劳

工业革命之前，人们在夜间进行的工作相对较少。因为从古到今，人类基本上是在白天活动。人类的很多机体功能都遵循着白天/黑夜 24 小时的循环规律运行。天黑后，人体内会发生多种变化，体温开始下降，体内的各种化学物质水平也发生改变，最重要的是警觉性开始衰退。一组来自企业的统计数据表明人在清晨比在一天中的任何时间都更易发生差错。

最近的调查表明因轮班工作而产生的并不严重的睡眠缺乏与酒精对人体的作用会产生相似的结果。在连续18个小时无睡眠的情况下，人的身体和精神在各方面都会受到影响，就像人体内的血液酒精浓度(BAC)达到0.05%时的状态。对鲜少发生的问题进行探查(如一些例行的检查任务)是一项无聊的工作，很容易产生疲劳感。连续23小时保持清醒之后，人的行为就像BAC达到0.12%时一样糟糕。

澳大利亚对工程人员展开的调查发现，每5个工程人员中就有一个在过去的一年中曾连续工作过18个小时或更长时间，还有人工作超过20个小时。很少有人怀疑人的工作能力会因此而有所下降。重要的是，疲劳者就像醉鬼一样，无法了解自己能力降低的程度。

我连续工作将近29个小时之后，最后要做的是一个简单的发动机元件更换。我做过很多次这项工作。然而元件安装完毕后，我无法集中精力完成正确的装配步骤。我的注意力已下降到连一项最简单的工作都无法完成的地步。

人疲劳后会变得很虚弱、易怒，但对于维修者，更重要的可能是他们开始很难控制自己的注意力。短期记忆的信息更容易出错，记忆空白的可能性更大。

人们曾认为夜间工作者通过自身调节，其身体节奏规律已倒置或已同步化，进而清晨就是他们的午间，而午间则是他们最疲劳的时候。但我们知道，长期的夜间工作会导致身体以24小时为周期的毁坏。夜班维修人员在清晨工作结束时不会像白班维修人员一样感觉疲惫，但他们也无法像白班维修人员一样靠睡眠来恢复体力。

维修人员的轮班时间和睡眠质量同等重要。尽管有些轮班维修人员说能够在白天获得充足的睡眠，但与夜晚相比，白天的睡眠总体上较短，也比不上夜间睡眠对体力恢复的效果好。维修者刚开始轮班制时有可能睡眠不足，生物钟的清醒状态与表现的下降比平时更严重。

夜间维修可能导致当时问题的发生而不仅仅是疲劳。如果没有或者很难得到技术支持，监督的力度会有所下降。可能还没有其他能够替代夜间维修的方法，但是，即使疲劳是必然而且有害的，我们还是有办法可以控制它。

3.7 知识与经验

知识或经验的缺乏是导致维修差错最明显的因素之一。大部分维修人员都有过执行新任务的经历，他们在执行的过程中并不十分确定完成得是否正确。而这种尝试的侥幸心理——差错的表现方式带来的是极为不稳定的结果。年轻的维修人员特别要清楚正等待他们上钩的圈套，不过庆幸的是，往往是他们自己发现了这些圈套。

一项工作是第一次做还是已经重复过很多次对维修人员的工作方式有很大影响。例如，一项工作从事的次数越多，每次占用的时间就越少，这是公认的事实。

这并不是说高级维修人员就不会因为缺乏经验而出差错。实际上如果可以选择的话，高级人员经常会寻求不寻常的挑战性工作。航空机械师有15%的时间用于从事从未做过的工作，高级工程师在这个方面则花费了20%的时间。枯燥的常规工作容易让人在思想上开小差，因此有其特殊的危险性，但有些任务需要的知识源于不断解决实际问题的过程，执行这样的任务比执行那些了如指掌的任务更容易出错。不论是一个新手第一次执行常规性工作，还是一个高级机械师进行非正常的改装或检查，上述规律都适用。

在管理方面，特别要注意的就是那些人们不熟悉的工作。

3.8 不良的程序

设计不良的程序是导致维修差错的常见原因。例如，在核工业中，将近七成的工作困难究其原因是由于工作程序过于劣质。有的程序会给出错误信息，有的不适用于当前的工作状况，有的不被工作人员了解，还有的已经过时、无法寻找、不能理解或完全不是为该工作而设计的。劣质的程序不仅会导致差错，还是导致违规的重要原因。

有人错误地认为大多数违规是由于维修人员的故意作对。正如我们所见到的，人们想要完成任务，但由于工具或情况限制而无法按正规程序完时，当时情景或形势就必然会产生违规的举动。对欧洲航空公司的研究中表明，工卡模糊或程序不明是工作中维修程序得不到准确执行的主要原因之一。

违规是一种有意的行为。人们对不按规章办事的代价和收益进行衡量，当感知收益多于付出时，就会挺而走险，甚至违章办事。这被称为心理经济，心理收支表的支出项与收入项见表3-1。

表3-1　心理收支平衡表，依次在特定情况下是否要决定违规的依据

感知到的收益	感知到的付出
更简单的工作方式	发生事故
节省时间	自己或他人受伤
更令人兴奋	资产损失
完成任务	维修费用高
展现技术水平	受到制裁或惩罚
按时完工	失去工作或晋升的机会
男子汉形象的树立	得不到同仁的赞同

经验表明，在很多不按规章办事的情况中，违规使工作变得更简单而又实际上并没有明显的不良影响。简言之，似乎不按规章办事的好处更多。在对欧洲航空公司机械师的研究中发现，不按规章办事的最常见原因就是还存在更为方便或更快捷的工作方法。

管理层要做的不是去加大对违章的惩罚力度，而是要尽量提高能感知到的遵循程序的益处。这意味着工作程序应该成为可用的，而且其描述的是最快最有效的工作方式。由于程序的不适用或方法的笨拙而造成工作人员对程序的任何不信任，都会增加可感知到的违规的好处。像前面提到的那样，有些情况下要完成任务确实是不可能按程序操作，当无法在允许的时间内执行正常程序时尤其如此。即使每个人都知道程序有待改进，但由于正常的改进体制过于缓慢且不实用，所以最好还是对这种不可避免的违规行为睁一眼闭一眼。我们将之称为"执行任务的双重标准"，这也是维修管理中最难解决的问题之一。

3.9　程序的使用

人们有很多理由不去使用书面程序，原因之一就是很难做到一边看程序一边工作。同时这也取决于工作者感知到的对应于某一任务的风险大小。表 3-2 是对一大型石化工厂程序使用情况的调查结果。

表 3-2　一大型石化工厂的程序使用情况

任务类型	使用百分率(%)
质量关键型	80(46)
安全关键型	75(43)
问题诊断型	30(17)
常规(包括维修)型	10(6)
注：括弧里的数字是在假设只有 58%的回答者称在执行任务时打开了程序手册的情况下得到的实际估计使用率	

第一组数据表明的是维修人员在从事某类特定活动时他们所报告的程序使用度。据此，安全关键型和质量关键型的工作，其程序使用率高；而问题解决型(甚至涉及到安全的)和维护工作，其使用率要低得多。括弧里的数字是在执行这几类不同任务时程序实际使用率的估计值。这一估计的依据是只有 58%的被调查者(超过 4000 人)称他们在实际工作中打开了程序手册并将其摆在面前。

在很多高度程序化的行业中，维修人员通常将其工作程序写下来以记录完成工作的方法。这些记录被谨慎地保存下来并传给组里的新成员。人们通常称之为"黑皮书"。在程序使用状况的调查中发现有56%的维修人员使用过这种非正规程序册，而令人吃惊的是，有51%的管理者也是如此。

该报告同时还调查了人们不按程序操作的原因。主要有如下几点：

(1) 如果一字一句完全按程序操作就无法完成任务。

(2) 工作人员不知道有相应的程序存在。

(3) 工作人员宁愿依靠自己的技能和经验。

(4) 工作人员认为自己知道程序的内容。

3.10　导致违规的因素之一——个人观念

违规有别于失误以及技术性差错，它是对程序或安全操作的有意识的背离。我们了解到的违规的原因大多源自对驾驶的研究，公路则是研究该课题的绝佳天然实验室。这对于理解一些造成不按规章办事的个人因素有特别价值。

对违章驾驶的研究结果表明，不按规章办事与很多潜在的危险想法以及错误观念有着直接的关系。下列是其中较为重要的几项。

(1) 控制力的错觉。违章者高估了自己在危险情况下的掌控能力。

(2) 不易捕性的错觉。违章者往往会低估自己违章后会遭受恶果的可能性。他们相信可以借助技巧渡过难关。

(3) 优越感的错觉。包括两方面：一是违章者认为自己比别人的技术好；二是他们认为自己不会比其他驾驶员更易违章。

(4) 不由自主。违章者常感到违章是种无法抗拒的诱惑。

(5) 觉得是无所谓的事。违章者不认为其违章行为是错误或危险的。例如他们认为，相比之下，超速对于那些经常违反法规的人，根本没有那么恼人、严重或有风险。他们认为每个人都可能会违章，自己也不例外。违章者的托辞常常是他们只是做了别人都在做的事情。我们称之为"伪舆论"。频繁违章的人总是过高估计违章者在驾驶员中的比例。

还有一种重要的观念与维修人员戚戚相关。

(6) 人们其实希望我们这样做。维修人员经常会感到双重束缚。一方面他们不能违反规定，但另一方面又要尽快完成任务。解决这两方面冲突时，很多人都是将管理层对遵守规定的要求视为伪善的。"只要我们能迅速地完成任务，他们就会睁一只眼闭一只眼；但如果因为违规操作而发生了事故，我们是不会得到同情的。"

3.11　差错与引发差错的条件之间的关系

考虑到引发差错的因素范围很大，我们应记住特殊的因素更容易导致特殊的差错。图 3-2 阐明了各种差错与一系列工作条件或因素之间的关系，其依据是澳大利亚的调查报告中超过 600 例的维修事故的分析结果。

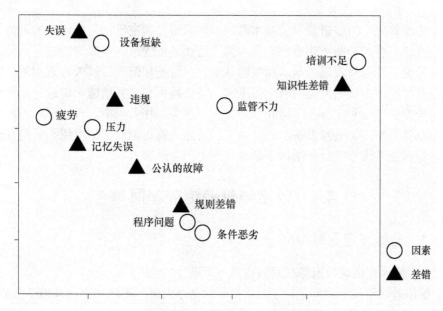

图 3-2　差错及其因素之间的联系

图中详尽地阐释，差错与因素往往是一起出现的。我们发现：

(1) 记忆空白是最常见的维修差错，与时间压力和疲劳感有密切关系。

(2) 规章上的差错与程序不完善及协调不足有关。

(3) 如我们所预料的，知识性错误与培训有很大关系。

(4) 小的失误与设备短缺有很大关系。

(5) 违规与时间压力有关。我们还知道程序的不完善会造成违规，但这一点没有显示在图表中。

第4章 航空维修差错管理

本章首先介绍差错管理的基本原则，然后讨论航空维修差错管理的人员与团队措施，将对一些个体维修人员和团队层面差错管理的实际方法进行分析，并在研究了解人员表现的基本局限的基础上，讨论如何使维修人员识别那些表示差错发生率增长的危险信号；接下来是工作场所和任务措施，将讨论几种已知可能产生差错和危害的环境和任务因素：疲劳、任务频率、设计事项、内务处理以及备件、工具和设备。最后是组织措施，将讨论对已知组织因素的管理技术，以便对维修差错和维修事故施加有力的上层影响。

4.1 航空维修差错管理原则

4.1.1 差错管理原则构成

1. 维修差错是普遍存在同时也是不可避免的

维修差错不是道德问题。它的后果可能是令人感到不快甚至极具破坏性的，但它的发生就像呼吸与睡眠一样，是人类生活中不可或缺的一部分。虽然违规是一种恶意且有企图的行为，但它也包含在此类问题中。人的易错性可以减轻但永远不可能也不应该消除。

2. 差错本质上并不是坏事

成功与失败来自于同一心理根源。差错十分有用而且具有自调性。我们是由差错引导的生物，如同着陆灯界定了跑道的边缘，差错也标示出通往成功道路的边界。没有差错我们就无法学习并获得安全有效地进行工作所必需的技能。

3. 你不能改变人的状态，但可以改变工作环境的状态

差错的问题不在于形成差错的心理过程，而在于由人工建立、冷酷无情的工作场所，这种场所存在于复杂的系统中。差错涉及到两方面：精神状态和外在情况。诸如走神和偶然遗忘等精神状态是已知的，但外在情况却是未知的。不同的外在情况激发有害行为的能力也大不相同。识别这些导致差错的陷阱并辨别其特性是进行有效差错管理的重要一步。

4．最优秀的人可能犯下最严重的错误

人们普遍认为大部分差错是由少数无能的人造成的。若是如此，差错的解决就相对容易了：可以确定出执行人并对其进行再培训，使其脱离危险区。但以往的记录表明，事实并非如此。有些与维修活动有关的严重事故就是由那些有着丰富的工作经验并且 30 年无不良记录的人造成的。每时每地都会产生差错，无人可免。而且，最优秀的人往往担负着重大的责任，因此他们的差错通常最可能对系统造成最严重的影响。

5．人们无法轻易地避免那些自己并不做的事情

责备他人的过错在情感上可以得到满足，但对挽救局势毫无帮助。只有当该行为是出于一种应受到指责的意图时，才能适用道德审判。当本意良好而事情却未按计划发展，即使指责与惩罚都是毫无意义的。不过，我们不应当将责备与责任混为一谈。假若犯错者不承认自己的错误并努力改正避免差错的再发生，那些人并没有从中吸取教训，完全没有或极少从中获取经验。

6．差错是结果而不是原因

在一起恶性事件之后，人们自然会倾向于追究第一个异常行为并称之为原因。然后就说是某人引发了这起事件，还要根据损失损伤的程度惩罚此人。这在以眼还眼为原则的群体中也许适用，但在维修单位中是绝对不允许的。维修单位中的事故都是由于多种不同因素相互间的复杂作用引起的，而且事故调查的首要目的应是加强系统的防御。从这一点来看，应该将差错视为结果而非原因。即使是恶性事件，差错也有其发生的缘由。每一个差错都是一连串事件的产物。这些事件包括人、团队、任务、工作场所和组织因素。差错的发现只是原因调查的开始而非终点。只有了解了引发差错的环境，我们才有希望降低再次发生差错的几率。

7．很多差错都在重复发生

差错可能源于各种情况独特的组合，也可能源于维修中反复出现的工作状况。前者是随机差错，就是说差错的发生很难预测；而后者是系统性或重复性差错。实践中，半数以上维修活动中发生的人为因素事件都有过先例而且往往多次发生。我们还注意到维修中的某些方面，尤其是重新组装和重新安装的过程中经常会导致某类特定的差错，特别是会导致程序省略——遗漏重要的步骤或完成安装后未拆下不需要的部件。另一组频繁发生的差错与维修队伍以及交接班组内部之间的沟通不良或缺乏有关。将这些重复发生的差错类型锁定为解决的目标，是利用有限的资源进行差错管理的最有效方法。

8．对安全有重大影响的差错可能发生于系统的各个层面

出错并不只是那些满手沾满油污的人们的专利。管理者经常认为，要减少

和遏制差错的发生，主要是针对维修人员——那些处在第一线的人们而言。但总规则的第一条告诉我们：一个人在组织中的职位越高，他犯错的危险性越大。差错管理原则必须应用于整个系统。

9. 差错管理是针对可管理的事务

差错管理中最常见的错误是竭力想要控制不可控的事务。很明显，这指的是设法改变人性中那些实质上不可改变的方面——精力分散的倾向、走神、疏忽和偶然的遗忘。当这些努力都失败后(当然会失败)，接下来的错误就是设法将指责和责任从组织转嫁给那些过去曾犯错的不幸者身上。这种被误导的方法如此普及，在很大程度上也促使人们对维修差错有了更多的认识。

外在情况甚至是各个系统都是可控的，而人的天性从最广义的角度来讲却是不可控的。针对人为因素问题，大部分的解决方法都涉及到技术、程序和组织性的方法而非单纯的心理问题。指责他人而不去改良系统的思想问题在人的天性中已经根深蒂固。这种对事件的反应可能会带来瞬时的心理满足，但对恒久的改进毫无益处。要进行有效的差错管理，重要的一点是，要认识到此问题的归因(心理学家称之为指责倾向)误差的存在并与之抗衡。

10. 差错管理是要将表现良好的维修人员变成表现杰出的维修人员

人们常认为差错管理就是让易犯错的人做得更好的方式，但事实并非如此。差错管理的首要目的是使那些训练有素、积极进取的人们变得更为杰出。在任何专业活动中，完美都包含两方面的含义：技术技能以及心智技能。这两方面都要通过培训和实践来获得。多项研究表明，心智相对于必要的技术技能，其重要性只会高而不会低。心智技能由很多部分构成，其中最重要的是心理准备。杰出的维修人员会定期在心里演练对各种假设情况的反应，以此方式让自己在面临那些潜在的挑战性工作时能有所准备。要想有效地做到这一点，就有必要很好地理解工作中差错产生的方式。以维修为例，这要求对引发差错的各种人为因素和情况有所了解。与设备失效方式的预测相比，这种自知的重要性只能高不能低。

应采用两种方式对维修人员进行培训。首先，他们应懂得人类行为发生困难的出现方式并了解其重复性。其次，他们必须掌握心理准备的技能，即应当训练他们在执行每项任务前先在心里重复自己或其同事可能出现的差错。这不仅提醒了他们那些易引发差错的情况所带来的风险性，也使他们能在差错造成危害之前做出计划，及早发现并纠正。增强发现差错的技能与首先了解差错的产生原因相比，前者更重要。

11. 没有最好的方法

对于这个原则，有两方面的解释。不同类型的人为因素问题出现在组织中的不同层面，需要采取不同的管理方法。以过失和违规为例，二者有着不同的深层机理。过失主要是信息处理方面出现的问题，而违规则涉及到社会和动机方面的问题。有效并全面的差错管理必须针对到组织的不同方面——人、团队、任务、工作场所和整个组织机构——从而实施不同的对策。不同的组织文化要求在不同方法组合之间进行混合与搭配。在一个组织中行之有效的方法在另一组织中却未必奏效，反之亦然。这就是差错管理原则如此重要的原因。有很多方法可以在原则上减少并遏制人为因素的问题。这要需要各个单位自己选择或开发出最适合本单位的方法。本章将对已有的几类差错管理方法进行探讨，但最好是设计出自己的方法，或者至少是按自身的需要对已有方法进行改造。只要理解并遵循基本的原则，可以有很多实现有效差错管理的方法，但大部分还都未开发。

12. 要实现有效的差错管理在于不断的革新而非局部的修整

人们总倾向于将注意力集中在最新发生的几件事上，并努力确保该事件至少不会再次发生，而工程师们喜好解决具体问题的固有特性又进一步加剧了这一倾向。然而设法阻止个人差错的再发生，无异于是在打蚊子。打死一只蚊子，其他的蚊子还会来叮咬。解决蚊子问题的惟一方法是将它们赖以繁殖的湿地抽干。对维修差错而言，就是对人们的工作条件进行改造，增强并扩大系统的防御能力。系统的整体改革必须是一个连贯的过程，其目的是减少并遏制整个差错群而非单个差错的发生。

4.1.2 对差错管理的管理

差错管理包括三方面：减少差错、遏制差错以及对这前两项的管理。最后一点的目的是保证前者能够持续地发挥效用。三者中，最后一项是迄今为止最具挑战性也是最艰巨的一项任务。欲使差错管理具有持久效果，必须对其进行连续的监控，并随着条件的不断变化对其进行调整。制定并执行出一套差错管理方法，之后却不给予任何进一步的关注就期待其发挥作用，这是很不现实的。我们不可能只是单纯地执行，然后就像完成一件工作一样把它划掉。努力的成效在于过程而非结果。从重要的意义来说，过程——不断致力于系统的改革——就是结果。

4.1.3 差错管理原则的总结

(1) 维修差错是普遍存在并且不可避免的。
(2) 差错本质上并非坏事。
(3) 我们不能改变人的状态，但可以改变工作的环境。

(4) 最优秀的人可能犯下最严重的错误。

(5) 人们无法轻易地避免那些自己不想做的事情。

(6) 差错是结果不是原因。

(7) 很多差错在重复发生。

(8) 对安全有重大影响的差错可能发生在系统的各个层面。

(9) 差错管理是针对可管理的事务。

(10) 差错管理是要将表现良好的员工变成表现杰出的员工。

(11) 没有最好的方法。

(12) 要实现有效的差错管理就要不断的革新而非局部的修整。

(13) 对差错管理的管理是差错管理过程中最具挑战性且最艰巨的任务。

4.2　航空维修差错管理的人员与团队措施

随着技术的进步和系统的日趋复杂，不论是在医药、运输、制造或是其他行业，我们有时会忘记即使是最精密复杂的流程，也仍然依赖于人的判断与技能。我们可以重新设计工具，选择更好的材料，开发更优秀的流程，但我们无法设计出更好的人。无论我们是否喜欢，我们只能依靠最原始"I 型"——人类来维护复杂的系统。而易错性是人类中不可改变的一部分。

本节的内容主要是关于管理维修个人和团队的差错管理策略。虽然很多维修事故的发生源自系统问题，但维修人员本身却是该系统的最后一道防线。大部分维修人员对其系统中诸如工作时间、设备和工作进度等方面的问题很少有控制权，但他们能够从其他方面降低事故发生的几率。最重要的是，我们的技能、习惯、信仰和知识全都可以改变，并且借助这种改变来提高人员效用的可靠性。

本节将对一些个体维修人员和团队层面差错管理的实际方法进行分析，并在研究了解人员表现的基本局限的基础上，讨论如何使维修人员识别那些表示差错发生率增长的危险信号。文中将再次探讨违规问题，研究态度的改变对减少违规行为的帮助，以及心理准备如何提高人员表现的可靠性。最后对驾驶舱的资源管理培训进行论述，其中包括有效 CRM 课程的要点以及可能导致 CRM 培训失败的方式。

虽然叙述大量针对个人差错管理的方法，但我们认为，警告还是有必要的，这些针对个体和团体的方法是不够的。我们不可能使人们脱离系统接受人为因素的培训，然后令其回到未经改良的系统中，期望他们的表现会发生巨大改善。我们还将讨论针对个体和团队的措施，除非与工作地点、人物及系统方面的差错管理一起发挥效用，否则其作用将十分有限。

4.2.1　人员措施

1. 理解引发差错的因素

维修人员要做的第一步是掌握有关人员效用的基本知识。他们必须了解其短期记忆的局限性、疲劳对其表现的影响，以及有关人的长处、短处的其他大量因素。有鉴于此，国际民航组织(ICAO)和欧洲联合航空当局(JAA)目前都要求对维修人员进行必要的人为因素的培训。

只要维修者了解自身的弱点，就会学会识别人员效用的危险信号。理解这些"红色旗标"的重要意义，并获取掌控的能力是一种自我保护的技能，值得去大力发掘。下列是维修活动中引发差错的一些主要因素。

1) 过分依赖记忆

我们的记忆并不总像认为的那样可靠，尤其是在疲倦的时候。记忆空白是维修中最常见的差错。没有对阶段进度进行恰当的提醒或是采取其他的措施，一件已开始的工作就无法完成。

每次当你努力将关键的工作步骤铭记于心，以便日后在没有提醒的情况下工作时，你正冒着出现记忆空白的风险。与其相信自己能记住还不如为了怕忘记从而提前采取预防措施。

2) 干扰

维修活动总受到频繁干扰——诸如需要通知某人，需要某人接电话，或是别的地方有紧急任务需要某人完成，等等。不论是何种性质的干扰都会加剧你的紧张程度，并增加出现记忆空白的可能性。遗漏是最有可能发生的差错。意识到风险所在，并采取防范措施是避免差错的重要手段。一个明显的对策是，预先考虑到下次继续某项工作时还会遇到的问题："上次做到哪了？"然后在上次停止处留下清楚的标记。我们将在下一节中详细地讨论遗漏的管理和提示问题。

3) 压力

压力有很多种表现形式，如：反复问"这要多长时间？"，在工作中发怒，咒骂的话语也比平时更多，一完成工作就急于回家。在这些压力下，即使最细心的维修人员也会省略工作步骤或寻求捷径。我们要意识到这些压力的存在，还要确保它们不会引发冒险或贪图简便的行为。

4) 疲劳

你可能不觉得劳累，但是，如果你前一天晚上睡得不好，或者你已经连续工作了 12 小时以上，你很可能会因疲劳而受到损伤。疲劳会增加你的差错，尤其是记忆空白的发生率。人困倦时易怒且更难相处。

5) 维修人员之间缺乏协作

缺乏协作是导致事件发生的一种最常见的情况。很多情况下，当人们对一项工作没有真正去相互沟通并确认情况，而只是做了无声的假设时，协作就会破裂。有时维修者担心过于仔细地检查同事的工作或询问太多问题会引起对方不悦。

破坏协作的迹象有匆忙的交接班、沟通不足、觉得提问过于愚蠢或为了怕冒犯同事就不提问，以及与不熟悉的人共事等。

6) 对工作不熟悉

如果你正执行的不是日常职责的工作，即使在过去的几年里曾做过，也有出差错的危险。如果你是在"尝试——差错"的基础上执行一项不熟悉的任务，你必须意识到出错的可能性将大大增加。我们还需要知道，相当多的航空维修事件中都牵涉到检查员动手帮忙完成维修任务的情况。虽然对于该任务而言，这些人的技术可能够格，也确实有很大的工作动力，但他们的动手操作技能有可能已经退步。

7) 责任不明

当不确定事情进展的情况时，你要明白，这是一个要你停下来理清头绪的信号。这在团队协作中很普遍，因为责任的分散可能会使人们滋生某种假定，以为别人了解事情的进展并在负责这件事情。

8) 高度例行化的程序

那些诸如开关入口盖或检查油量之类闭着眼就能完成的工作程序都存在导致过失失误的危险。由于对任务非常熟悉，我们的注意力可能会分散，很大程度上只是下意识地完成工作。虽然无法阻止这种情况，我们还是可以保持清醒的头脑去发现那些时常会出现的差错。

2．了解违反合理程序的原因

违规与过失不同，大部分的违规都属于有意的行为。比如人们决定要去违反安全操作程序、操作条例和认可的标准等。因为这种故意性，违规在个体和团队管理问题中负有很大责任。改变深层的态度和观念往往是很慢的过程，但仍可实现。三方面相互关联的因素构成了违规的意图：

1) 对行为的态度(认为我行)

这是在考虑某一违规行为产生的后果时的想法。知道这样做是违规，而这样做的好处如何与其可能的风险和惩罚相抵平？

2) 主观标准(他们不想让我做这个)

这些都是一些重要参照群体(亲属、同事、朋友等)对你的行为持有的观点。

他们会不会同意？此人到底有多么希望受到其亲近的人的欣赏或尊敬呢？

　　3) 感知到的对行为的控制力(我情不自禁)

　　对违规行为的控制力一个人能感受到多少？该因素在宿命论尤其是对违规后果的评判中或许有相当的重要性。虽然管理层会在口头上要求工作人员服从规定，但实际上他们对违规行为是不追究的，尤其在违规可以按时完成一件紧急任务的时候。当个人发现这一事实时，感知到的对行为的控制力因素也会起作用。如果其单位的风气是既不奖励守法行为也不惩罚违规行为，那么个人很可能觉得自己对局势的控制能力很小，融入其中的最佳方式就是随大流，你违规，我也违规。

　　3．减少违规的方法

　　减少违规的最常见方法是瞄准上面三个因素中的第一个——对行为的态度。那些展现不安全行为带来可怕后果的平面海报和录像可用来劝告人们按章办事。

　　这种恐怖的宣传方式有三个作用。第一，告诉人们不安全行为与安全之间的联系；第二，震慑作用；第三，指出正确的做事方法。

　　但这些对自己的呼吁带来的影响很有限。主要问题在于那些最可能违规的人——年轻人——因其不切实际的乐观态度，对这种呼吁往往已有免疫力。

　　社会控制着眼于上述第二个因素：主观标准，即其他人的表现，包括对违规行为同意还是反对，对个人影响程度。

　　到目前为止，证据表明社会控制是改变个体行为的一种最有效方法。我们是社会中的高级动物，需要我们所在乎的人的赞同、喜爱和尊重。如果确信这些"重要的其他人"会强烈反对我们打算做的事，我们很可能在行动之前再三考虑。这不代表永远不会违规，但至少我们可以有喘息的机会。

　　很多有影响的便于社会控制的管理方法中都涉及到群体讨论和群体活动。下列是一个瑞典公司曾用于改善其驾驶员行为并取得显著成效的方法。以下是方法中内含的三个步骤。

　　1) 阶段一

　　把个体分成小组，最理想的是基于工作和地点的共享性而分组。每组都有一个受过训练的主讨论人或主持人。第一次讨论工作中遇到的总的质量和安全问题。主讨论人负责对提出的各条进行记录。

　　2) 阶段二

　　在第二次讨论中，逐条检查第一次列出的问题。主要任务是将问题分成两组：必须提交到上级管理层予以解决的问题，以及小组成员通常认为自己可以处理的问题。很明显，违规和其他不安全行为都是小组成员可能发生的。其他的则交给管理层。

　　3) 阶段三

　　最后的讨论中，每组将注意力集中在其组员认为可以自己解决的问题上。一起探讨如何处理每个问题。然后，每个组员写下自己要解决的问题(即从那时起，他们可以做什么)。他们不需要向其他人展示这种决心，这完全是用来提醒自己的私事。

　　瑞典人在利用这一方法进行研究时发现了两件有趣的事。首先，讨论组中的 850 名驾驶员，其交通事故的发生率减少了 50%，这些事故大部分是由于违规操作造成的。而控制组(除了没有参加讨论组外，其他各方面因素都是一样的，都是一组相等数量的驾驶员)在 5 年(测试的前 3 年和测试后的 2 年)的研究时间里则没有发生变化。结果见图 4-1。

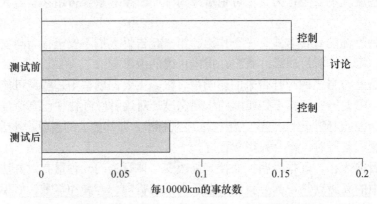

图 4-1　测试前后控制组和讨论组每 10000km 内事故数量的比较

　　其次，讨论组中的多数人并不相信这些活动对于事故发生的下降有任何作用(虽然上述结果已清楚地说明了其作用)。讨论之后进行的一份问卷调查显示，仅有 12%的回答者认为自己的驾驶方式因为参加了讨论组而发生了改变，仅有 25%的人认为自己从这种小组练习中受益。

　　我们该对此做何解释呢？尽管瑞典的驾驶员已经对安全有了积极的态度，但是由于他们之间很少谈论安全问题，因而他们不知道其他驾驶员对安全问题是怎样想的。小组讨论的价值就在于使得各个组的价值对各讨论组的所有成员都是可见的。小组讨论的第二个作用就是把安全驾驶的动机与关于如何实现的实际决定结合起来。安全而可靠地执行任务的先期打算对随后的行为会产生很大影响。同时，通过小组讨论形成的打算，使得这种影响扩大，即使这些打算实际上不能与组中其他人分享。

64

从该研究和其他有相似有益效果的研究中我们得出两个结论。第一，这种小组讨论可以有效地产生更安全可靠的行为。这在维修环境中尤其适合，而且我们不难发现如何调整其基础结构以减少违规的发生。第二，人们不总能理解其行为发生改变的原因。另有研究表明，当行为改变的真正原因与人们实际想法中的原因相冲突时，人们不会说出真正原因，而是报告实际的想法或理论。原则很清楚：不要总是相信人们所说的其行为发生改变的原因。

有一点必须强调：态度的改变是一个漫长而艰难的过程。这类活动就是要使服从行为的控制从外部因素转变到内部因素，从外部奖惩转变为内在动机，达到个体喜欢并服从的目的。

从外部转向内部控制要经过两个阶段。第一阶段是内疚感驱使：因为不想有内疚感(而不是要服从规定)，所以服从良心的指引。第二阶段是认同感。对服从后产生的结果表示认同。即使可能不喜欢服从所要求的，但却要享受服从后的感觉(就像我们可能不喜欢回复一大堆过期未回的邮件，但完成之后却很开心)。只有到达内在动机的最后阶段才没有内部冲突。

对成瘾的研究表明打破一个恶习要经过 5 个阶段。第一阶段是预思考，这个人甚至还没有想过要改掉恶习。第二阶段是思考，开始认为改掉这个习惯可能是个好主意，但还没有下定决心去改变。第三阶段是做出决定，真的决定要改掉习惯。第四阶段是真的停止，在最后阶段里必须按照设计的程序去做以保持已取得的进步。

要注意，行为的实际变化在过程中很晚才出现。很多试图改变行为的方法，客观地讲，其结果都令人十分失望，但在激励人们决定做出改变这一重要方面却是取得了很大的进展(图 4-2)。

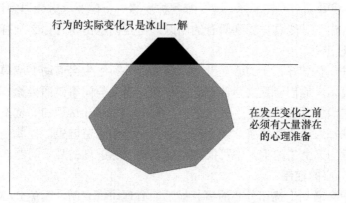

图 4-2　行为变化与深层心理变化的比例关系

(心理变化虽不可见，却是行为改变的必要前提)

在看到真正的结果之前，不能低估这些预备阶段的重要性。同样，我们要记住人们不是总能够或愿意坦承自己目前所处的阶段。总而言之：要不断尝试，但不要期望奇迹会在一夜之间出现。

4. 在开始之前着手预备

大量证据表明，在真正开始一项任务之前预先在心理上做好准备能够大大提高人员效用的质量和可靠性。这一证据源自以奥林匹克运动员和顶尖的外科大夫为对象的最近的心理和行为研究。这两类研究均表明，预先在想象中认真地完成一项工作对后来的表现会有相当大的帮助。心理学家称之为心理预演。这种获得并实践该心理技能的能力就是杰出和普通的区别。

在下面各段落，我们首先描述这种心理准备活动的性质，然后解释它是如何改进注意力的集中程度。如前所述，差错管理不是使人们从表现不良变为优秀，而是要从优秀变为杰出。

1) 积极想象

高手在开始真正工作之前会先思考该任务，并在事情真正发生以前想象运作的过程。例如，外科医生会将二维的书面图片转化为三维的真实影像。他们在心里预演程序的每一步以便更流畅地进行操作。这种想象因为专注于设想每一阶段的理想结果而被认定是积极的。

2) 做好面临困难的准备

心理预演的另一个重要功能是预测问题的发生并准备好有效对策。高手明白时时超前一步工作的重要性。下面一段话引自一位顶尖的外科医生，话中道出了这样做的精髓：

我在头脑中预演手术的程序，然后第二天实施。过程很真实，也是一步一步地进行，我看到自己在手术，进行着各种步骤……你要考虑会遇到什么问题、怎样解决。你不可能总是想到所有的问题，但是问题出现时你必须有所准备。

3) 心理准备

这要求你有做好工作的心理准备。例如，外科医生会借助书或模型之类的辅助研究设备。他们会独立地计划程序步骤，也会与同事磋商会诊。很多顶尖外科医生在锻炼时的"想象"效果最好。James Reason 认识的一位杰出的心血管外科医生每天清晨都要游泳一小时。这很枯燥但有益健康，他就是利用游泳的时间思考当天上午的手术中可能遇到的冠状动脉解剖的棘手问题。

4) 对分心的控制

维修中会遇到干扰和分心的事。最近的心理研究表明，避免分心的最好方法是预料到干扰和分心事的发生并在其出现时逐个解决。一项研究对两组人的表现进行了比较。这两组人都要在电脑上解答算术问题，但电脑屏幕的上方断断续续地出现干扰性图像。其中一组人被要求对图像先行进行心理忽视(干扰抑制)，另一组提示他们告诉自己不仅要抗分心，而且又能完成数学计算(任务易化)。前一组(干扰抑制组)的分数远高于任务易化组的分数。但两组表现均优于没有使用有备控制干扰方法的控制组。原则很清楚：预测可能出现的分心事物和干扰，并提前设计出解决每一问题的确切策略。下面描述的就是这样的一个对策。

5) 避免进展步骤遗忘差错

在维修活动中，特别是按照任务步骤顺序进行作业时，很可能混淆或忘记工作做到什么地方了，工作打断后再恢复，往往会导致一些必要步骤被遗漏。若维修人员在被打断时标记下工作步骤(用标签或其他一些明显可见的指示物)，差错可能减到最少。若事先有准备或考虑，这些方法是非常有效的。

执行维修任务时，我们受到三件事情的引导：书面程序(工卡和手册)，所面对的实际情况以及接下来将发生事件的"心理模式"。该心理模式由有关任务的图像以及我们长期记忆中的知识结构构成，往往很不完整或不准确，但我们不能总是边看程序边操作，因而需要这一心理模式。心理预演的益处主要在于提高心理模式的质量并刺激它产生到达目标的正确路径(工作步骤)。

这就是在适当的时候给他们一个达到注意力集中的更好机会。换句话说，正确而非错误的步骤更有可能在注意力集中的竞争中胜出(图 4-3)。

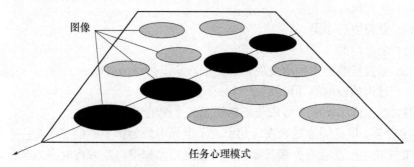

图 4-3 位于任务的心理模式中的最佳图像(知识结构)

图 4-3 中，浅黑色圆圈代表待维修设备的不同方面。深黑圆圈及穿过它们的箭头构成了实现预期目标所需的正确工作步骤。心理预演时构成的就是这一内在模式，原理很简单，无论是想象或实际操作，这些步骤越经常受激发，就越有可能吸引至适当的注意力，避免受到干扰的影响。

图 4-3 的另一种思考方式是：把它想象成一个覆盖有光矩阵的板面。每一束光代表对一件设备可能采取的措施。无论是想象或实际操作，每执行一次措

施光束就会不断变亮。重要的是：在心理上构想的行为与实际的执行具有同样的效果。这不仅使人对恰当的知觉线索更敏感，同时也增强了恰当措施之间的联系。而且，光束越亮，越有可能吸引注意力。在心理依次预演恰当的步骤很可能在措施矩阵中产生一条明亮路径。光亮将沿着预期的路径引起注意并使其较少受到分心事物和干扰的影响。

4.2.2　团队措施

很多人共同达到某一目的或完成某一共同的任务，这些人便称为一个团队。大部分的维修工作，尤其在航空器和核电工业中，都是以团队的形势开展的。团队协作是一把双刃剑。团队内部和团队间的几个人对所发生的情况有同样的了解，而这将导致差错的发生几率增加。但团队中伙伴关系的存在也可以提高错误的发现几率与矫正的可能性。

长期以来，在必要技术技能的逐步灌输及合格确认方面，商业飞行一直做得很好。但是，仅在过去 20 几年里，这一行业开始系统性地致力于人为因素在质量、可靠性和操作有效性方面的作用。通过事故分析，飞行员得出结论：团队管理上的错误是安全的最大威胁之一。这些问题包括：

(1) 团队领导过于关注次要的技术问题。

(2) 任务及责任委派失败。

(3) 优先权设定失败。

(4) 监督检查不足。

(5) 缺乏沟通；

(6) 根据标准操作程序发现并解决不按章操作行为失败。

(7) 过于独裁的领导风格。

(8) 机组或团队的下级成员不愿纠正其上级的错误。

1977 年，这些因素结合在一起引发了世界上最为惨重的航空事故——两架大型喷气式客机在特内里弗岛布满雾气的跑道上相撞，造成 500 多人丧生。荷兰皇家航空公司(KLM)飞机的机长错误地以为获得了起飞许可，他在不知道一架泛美航空公司(PANAM)飞机正在跑道上滑行情况下准备起飞，事故就在这时发生了。之前我们曾证明过一个观点——有时最优秀的人会犯最严重的错误。在这个案例中，KLM 的机长是该航空公司资格最老，也是最受尊敬的飞行员之一，并且是 KLM 飞行训练部的部长。这起事故的酿成与很多的人为因素有关，其中包括通信失效、时间压力以及副驾驶没能果断地质疑机长的起飞决定这一明显失误。

这一恶性事故成为航空业的一个转折点。特内里弗岛事件以及之后在 20世纪 70 年代晚期和 80 年代发生的事故引发了大范围内对安全培训的再思考，例如，航空公司对飞行员进行了如何处理上述所列团队管理问题的培训。目前世界上的大多数航空公司均提供此类培训，即众所周知的驾驶舱资源管理(CRM)培训。该培训在北美和欧洲大部分地区已成为一项法定要求。该项目的成功促使其扩大到驾驶舱以外的领域。越来越多的航空公司向维修人员引入CRM培训，有时也被称为维修资源管理(MRM)。

开设维修 CRM 课程的目的主要包含以下几个方面。

(1) 教授队员如何集中自己的智力资源。

(2) 接纳来自队伍中下级的质疑，并获得应对该情况所需要的了解。

(3) 强调团队协作的重要性。

(4) 确定标准术语以减少沟通问题。

(5) 培训领导技能以及作为团队成员应有的技能。

(6) 规范组织结构并确定组织对安全所起的作用。

(7) 理解组织文化，认可共有价值观。

(8) 改进沟通技能。

(9) 了解并控制压力。

在对维修人员进行 CRM 培训的过程中，大陆航空公司举办了由 20～25 名受训者及两名主持人参加的为期两天的研讨会。第一天的内容包括一项对拙劣联合作业的案例分析，阐释了感知与现实之间的区别，对各种行为和决策类型、武断的特性以及各种压力控制因素进行了讨论。第二天的内容包括三个主要方面：团队协作与决策行为、有关组织规范认知的案例分析，以及有关人际关系技能(倾听、支持、面对和反应)的互动讨论。该培训最初是为管理人员设立，后来又扩大至机械师。

西北航空公司是将 CRM 方法应用于维修人员的另一先驱。其培训(称为维修资源管理[MRM])内容涵盖 4 个方面，分别是：

(1) 沟通技能。

(2) 班组发展及领导技能。

(3) 工作量管理。

(4) 技术熟练程度。

将 CRM 培训前后进行比较，结果表明地面损伤事件有大幅减少，而且签派放行的可靠性显著提高。CRM 前后的态度及行为调查也同样显示了强有力的积极作用。

有广泛证据证实，对维修人员开展的 CRM 培训，其可预测的盈利性不仅体现在安全方面，也体现在可靠性的提高和费用减少等方面。最近一项着眼于美国 150 家飞机维修中心开展的维修 CRM 课程所带来之影响的研究发现：

(1) 仅仅是参加了一次课程，对 CRM 类培训的潜在价值的热情便立即高涨。

(2) 认为 CRM 有正面价值的看法在培训之后立即增长了 15%～20%。

(3) 认 CRM 培训降低了人员伤亡率，并减少了飞机发生地面损伤的事件。这也与飞机的高签派率有关。

维修 CRM 课程的开展没有一种固定的模式。现成的培训并不比根据组织自身的特定需求和文化量身制定的课程更有效。但有些关于维修 CRM 的优秀范例是可以随时借鉴的。美国联邦航空局(FAA)发布了一份 MRM 咨询通告的草案，其中就包含这种课程的样本大纲。英国民航管理局也开发了一门维修中人为因素的课程，该课程经修改适应于各个行业的需求。

在很多大型航空公司，机组人员的 CRM 培训已进行了 10～15 年。虽然没有什么人质疑过培训的长远价值，但这些课程的接受程度并不总是好的。我们将从一些棘手的课程中了解什么是 CRM 培训中不能做的事情。

在一篇题为《怎样扼杀一个优秀的 CRM 项目》的文章中，确认了促使方案失败的前 10 种方法。如下所列：

(1) 没有将 CRM 与其他形式的操作培训综合(CRM 自身不会提供技术技能，若要在操作中发挥作用，就必须与其他培训形式相结合)。

(2) 对组织自身文化的独特需求没有认识。

(3) 允许 CRM 狂热分子进行培训。

(4) 忽视研究和数据收集的步骤。

(5) 忽视与培训和检查标准相关的事宜。

(6) 过多的图表、框图和缩写形式。

(7) 将 CRM 项目视作一次性事件。

(8) 使用通俗心理学和含糊不清的心理学用语。

(9) 将 CRM 变成治疗性课程。

(10) 将 CRM 中的 C 重新定义为"具有超凡魅力"(Charismatic)，那么参与者牢记的不是如何进行操作，更多的是教员如何的有趣。

航空业 CRM 在其发展历史中一直不时地受到舆论褒贬。以上列出的各项代表的是促成"反"感的主要因素。保持 CRM 类项目顺利发展的纠正方法比较简单：

(1) 运营管理层由始至终必须作为该项目的监督者和参与者。

(2) 操作可靠性高的人应发挥指导作用(这类人多指维修人员自己，而不是外部的专家或顾问)。

(3) CRM 必须完全融入培训活动中。

(4) 建立反馈系统以跟踪发展趋势的变化，以及参与者的反应并进行质量监控。这一点至关重要。

(5) CRM 培训不能一次性对维修差错产生免疫,定期的巩固和复习必不可少。

4.3　工作场所和任务措施

前面分别提出的差错管理战略是针对个人和团队——提高技能、转变态度和信念或加强协调和沟通。即使让优秀的人员更加优秀是一个值得的目标,而工作环境导致不断产生差错,特别是同样的差错不断循环出现时,这个目标也只能发挥有限的作用。

由于很多的维修差错在工作环境中都能找到源头,所以为减少差错而采取的强大干预措施是那些旨在将任务相关的挑战转向工作质量的措施。

本节中,我们将讨论几种已知可能产生差错和危害的环境和任务因素:疲劳、任务频率、设计事项、内务处理以及备件、工具和设备。

我们将集中讲述对差错的产生有重大影响的维修任务和环境的几个主要方面。差错管理是将任务和环境尽量与人的问题联系起来讨论。我们注意到,各项原则有助于指导值班表的设计,而疲劳评估软件则有助于轮班系统的设计。在大致了解基本事件的重要性之前,如备件可用性、保管、工具和设备可用性,我们还将讲述任务频度和系统设计。详细探讨基于任务的措施,提出这些措施是为了减少遗漏的发生,这是维修差错的最常见形式。遗漏是最常见的维修差错,遗漏管理需要特别注意,因此,我们还将概述一种能够用来确定易于产生遗漏任务步骤的方法。遗漏的管理包含两个步骤:第一,在任务中对容易遗漏的步骤的识别;第二,提供合适的提示。下节中,我们将在更广的水平上集中讲述差错管理,即整个组织或系统。

4.3.1　疲劳管理

疲劳增加差错出现的可能性,其程度与酒精一样。没有任何单位鼓励醉酒的维修人员承担责任,但是很多单位却允许疲劳的维修人员承担责任,尽管两者的危险性可能是等同的。

当在外进行的维修工作超过了规定的时间时,疲劳管理就成为各个单位面对的一个最重要问题。合理排定的值班表是一种有效降低疲劳危险的方法。下面列出了轮班系统设计中的 8 个基本原则。

(1) 不能进行连续超过 3 个夜间的轮班。

(2) 避免永久的夜间作业。

(3) 及时向前轮班(早上→傍晚→夜间)。

(4) 执行最后一个晚班后允许至少两天的休息。

(5) 连续工作的时间不能超过 5～7 天。

(6) 值班超过 8 个小时后不允许增加任何形式的轮班。

(7) 轮班之间需要至少 11 个小时的休息。

(8) 如果可能，确定提前得知轮班时刻安排表，并且严格保证改动幅度减低至最小。

以前评估与工作相关的疲劳的轮班值班表比较困难，但现在设计的几种计算机程序，有助于评估轮班类型可能产生的几个疲劳等级。最广泛的应用程序是由 Drew Dawson 和 Adam Fletcher 在 Adelaide 的睡眠研究中心提出的。这个程序在轮班过程中给每个阶段都赋予了一个疲劳值。

如果工作日限定在周一到周五的 9 点至 17 点之间，那么疲劳值为 40 的现象比较常见。然而，疲劳值会随着工作时间的增长、休息时间以及不允许夜间睡眠时间的缩短而增大。根据 Drew Dawson 和 Adam Fletcher 的论点，80 的疲劳值导致的功能性损伤与血液酒精度为 0.05% 导致的结果相似。鉴于这个原因，他们建议进行安全标准功能的维修人员，其工作中的疲劳值不能超过 80。然而，有些情况下个别员工的疲劳值超过了 150。

图 4-4 对 Drew Dawson 和 Adam Fletcher 系统作了说明，图中表现了员工在早上、下午和夜间的循环轮班制中在每 5 个工作日之间有 2 天的休息条件下的疲劳预测值。由图可以看到，第 4 和第 5 个夜班的最后几个小时产生的疲劳值都超过了 80，因此非常有必要对轮班类型做出更改。

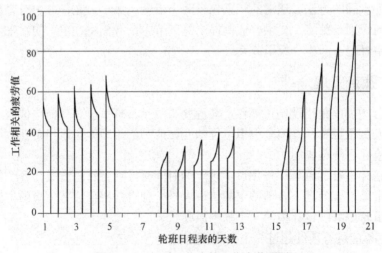

图 4-4 三组循环值班的工作疲劳预测

注：三组循环值班时间安排分别是：5 天工作(从 6 点到 14 点)，2 天休息；5 天工作(从 14 点到 22 点)，

2 天休息；5 天工作(从 22 点到第二天 6 点)，2 天休息。

这种疲劳管理软件的最大优势是管理者可以在使用轮班表之前做出评估和对比。

4.3.2　任务频率

工程师曾经使用"浴盆曲线"来描述一个设备在整个寿命过程中产生的故障频率。根据这个模式，早期的磨合期会相对高地出现故障，一旦解决了初期问题，就会进入较高可靠性的时期，然后，随着设备到达其设计寿命的末期，故障发生频度会增高。维修性能的可靠性所表现出来的趋势与设备的寿命周期无关，而是与维修人员的工作经验相关。在执行不经常进行的任务时，差错率会增高，原因主要是缺乏经验的维修人员容易在有错误倾向的基础知识阶段下进行。然而，一旦获得经验，出现基于知识差错的可能性会减少，但忽略或减少基于技能的可能性就会增加。专家的心不在焉问题比新手更难解决。

给维修人员分配任务时，有必要考虑给维修人员在何处坚持连续的经验才能完成任务。非常规和常规的任务都会产生各自的错误；然而，适宜的任务分配有助于减少错误的出现。

4.3.3　设计

在不完善的系统设计中，都能找到很多引发维修差错的源头。大多数的维修人员都能列举出需要被倒置或前后互换安装的部件、很难实现的系统或者是明显需要三方的维修人员重视设计任务的例子。可维护性的松懈对于系统设计者来说一般是处于低优先级的。下面列出了系统可维护性的 6 个设计原则。

(1) 能够很容易到达部件。

(2) 功能相关的部件应当一起分组。

(3) 部件的标签应当清晰可见并能提供足够信息。

(4) 应当尽量减少专用工具的使用率。

(5) 不必要在外场做精密调整。

(6) 设备的设计应当便于隔离故障。

现代的维修活动需要使用各种各样的精密测试、测量和诊断的设备。每项都有着自己的一个用户界面，这是维修人员用来实现某些目标，并且获得很多相关信息的界面。这两个阶段——执行(作用)和评估(信息)在不良设计中都可能产生错误和误解。它通常是在设计者评估用户的透视部分发生故障时出现的。美国一位著名的心理学家 Don Norman 确定了误解出现的两种基本途径：执行的隔阂和评估的隔阂。这两种基本的设计问题如图 4-5 所示。

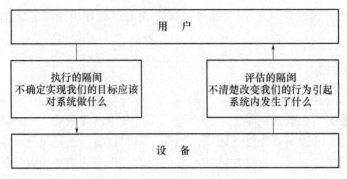

图 4-5　正在使用的用户模型以及系统真实状态间执行和评估的隔阂

　　很多问题的出现是因为设计者假定系统使用的模型和用户的模型是同一个模型。但是，由于设计者很少和用户直接进行交流，并且他们也不会经常被告知可能维修差错的多样性，所以一般不会出现这种情况。用户的模型起源于系统影像——由它的文件和用户推断设备的设计用途组成的。如果还不能清晰地表现设计者的模型，用户就会对系统功能产生错误的概念。

　　一种避免这些问题产生的方法是，在购买设备之前向设计用户中心询问关于设计的种种问题——应当将这些问题呈现给一些潜在用户。最初和最基本的问题是用户确定系统或装置功能的难易程度。然后有 3 个与执行有关的问题。

　　(1) 意图。用户如何容易地辨别什么动作是可能的？

　　(2) 动作说明。用户如何容易地确定由意图到行动的设计原理？

　　(3) 执行。用户如何容易地确定执行动作？

接着是 3 个关于评估装置或系统状态的进一步的问题。

　　(1) 理解。用户如何容易地辨别系统处于什么状态？

　　(2) 解释。用户如何容易地确定由系统状态到正确解释的设计原理？

　　(3) 评估。用户如何容易地辨别系统或装置是否处于要求的状态？

　　虽然不可能设计出一个完全消除用户发生错误的系统，但设计者和用户都可以努力降低错误的发生率。例如，现代电子装置的一个基本特征就是它们经常执行比自身拥有的专用键和控制装置更多的操作。为完全获得设备的功能，用户一是要在使用有限的键或控制装置之前选择所需的操作模式。这样，在使用这种设备时，就为最普通的差错类型之一创造了条件。这属于模式错误，这种错误指的是，当执行适合于一种模式的操作时，其实用户正在使用的是另一种模式，然而他们自己却没有意识到。这种模式错误是很多空难事故的发生原因，它发生在飞行机组将机动飞行说明输入到飞行管理系统中，却将其错误地认为是另一种模式的情况下。这种飞行管理系统存在一个问题，那就是目前的飞行模式很少呈现给用户。因此，对于具有任何多重模式的维修设备的潜在用户，有必要在开始的时候给用户提供关于目前模式的清晰且明显的信息。简而言之，就是确保清楚地表明了模式，并且易于理解。

4.3.4 保管

诸如保管措施之类的事情是一个组织文化中强有力的标志。如果在作业完成以后把切余电线等材料留在地面或是将移走的部件任意存放，这个环境就可能成为错误多发地，并且会造成更严重的后果。

当不良的保管早已显现却没有得到改正时，它会形成关于系统异常的明显征兆。除非有故障管理系统，否则不良的保管不能长时间得不到检查。这些故障一般有 3 种。

(1) 管理者进行了检查，也注意到问题，但没做任何工作。

(2) 管理者进行了检查，但被监察结果蒙蔽了，所以就没注意到问题。

(3) 管理者没有适时地进行任何检查。

保管的诀窍是按照一个中性方法进行的，一方面，避免过度谨慎地关心清洁、整洁和表面形式并到达极端；另一方面，避免忽视懒散的危险。这两种极端都会受到处罚。寻找一个能够满足安全、迅速、有效的操作要求，却又不会太偏离目标的保管标准是非常必要的。

4.3.5 备件、工具和设备

诸如备件和设备可用性之类的实际问题在员工面对障碍和挫折努力完成任务时可能是产生维修差错的最重要原因。不需要用专门的心理学知识管理这些事情，只需要意识到差错管理的一个重要目的是恢复正常的任务环境即可。这些事情形成了工作场所监督的中心环节。下面列出了关于工具和设备的一些关键问题。

(1) 员工曾经使用过未经批准的工具或设备吗？

(2) 等待维修时是否有无用的维修设备留在工作区域？

(3) 经常使用的备件或耗材项目是否没有存货？

(4) 如果昼夜不停地进行维修，技术支持是否一直发挥效用？

(5) 当地是否有方便寻找的工具系统？

(6) 工作区域是否整齐？

(7) 未安装件是否以合适的方式存储或贴上标签？

(8) 当设备拿去维修和校准时，替换件是否可用？

4.3.6　用遗漏管理程序

很多估计表明，遗漏是维修工作中一半以上人为因素问题的原因。在本节的后部，我们将通过维修程序中产生遗漏任务步骤的预先确定和恰当提示，集中讲述遗漏错误管理。

遗漏是特别危险的，因为它们可能导致普通模式的故障。在这些故障中，在遗漏零件或材料"下游"的功能上相关的部件可能会导致其不可用。另外，遗漏在被发现前，甚至更坏的是在与局部触发事件相互作用并引发事故或事件之前，可能会隐藏一段时间。因此，有一些很重要的例子可以证明需要把遗漏视为错误管理的专门目标范畴。幸运的是，我们掌握了很多可能产生遗漏任务步骤的特征，提前了解可能发生遗漏的地方至少能够达到有效工程模型的一半。另外一半是寻找有效方法让人们关注遗漏发生的可能性，从而更大程度地避免。

1.　遗漏激发的特征

有4个特别的因素决定了一个任务步骤遗漏的可能性。第一是步骤的存储能力：为了完成该步骤而必须存储在人脑中的信息量。步骤的存储能力越大，它的一部分甚至全部就越有可能被忽略。第二个因素是显著性。隐藏或不引人注意的项目更可能被忽略，特别是在装配中，为了替换它们而需要存储一个明确的动作时。第三个因素是任务序列中步骤所处的位置。有两个位置是脆弱的：中间序列的步骤以及向序列末端发展的步骤。中间序列步骤的脆弱性取决于它们的性质，但是几乎所有发生在向着任务末尾发展的步骤特别容易被遗忘或提前结束。第四个因素是当时的暗示。很多步骤都是由前一个暗示或提示形成的。例如，螺栓露出就提示要更换垫圈和螺母，空的螺钉孔暗示着要插入一个新螺钉，等等。然而步骤与任务的其余部分在功能上通常是隔离的，特别是在装配中，这种隔离使它们特别容易被遗漏。

所有这些因素综合起来会产生日常生活最常见的一种遗漏：也就是在一台影印机上影印了一份疏松叶片文档之后将遗漏了原件的最后一页。首先，原件最后一页的移动动作在功能上是隔离的。前面几页的移动是由每个新的原件定位提示的。第二，最后一页是隐藏在影印机盖下面的。第三，当某人的心思转移到下一个任务时，遗漏就会恰好发生在影印顺序的最后阶段。第四，最后的位置之所以更加复杂是因为它发生在任务的主要目标完成之后，我们刚刚看到的关于复印最后一页的状况，就是偏离强烈的信号。这种遗漏激发的作用是可增加的。在单个步骤里，组合的特征越多，遗漏就越有可能发生。

2.　任务步骤检查清单

一种将这些普遍原则转化为实用型差错管理工具的方法是采纳表 4-1 清单

中所列的 20 个项目。

表 4-1　任务步骤检查清单

易于遗漏的特征	记分
1.这个步骤在以前的错误中是否被遗漏?	如果是，记分为 3
2.这个步骤是否形成安装或重新装配顺序的一部分?	如果是，记分为 3
3.这个步骤是否包含常规和较熟练的行动?	如果是，记分为 2
4.这个步骤是否包含咨询与当地情况往往不符合的成文程序?	如果是，记分为 2
5.这个步骤在功能上是否与其他顺序分开(例如，并非由前面行为清晰提示出来，或者是距离太远)?	如果是，记分为 2
6.在进行此项任务时，该步骤的性能是否包含了前面实践的新近变化?	如果是，记分为 2
7.这个步骤是否包含别的相似任务中没有要求的行为或项目?	如果是，记分为 2
8.如果这个步骤在错误中遗漏了，它的缺少是否隐藏于视线之外?	如果是，记分为 2
9.这个步骤是否包含决定某些当地状况或要求的动作的重复(例如顺延)?	如果是，记分为 1
10.这个步骤是否包含多重项目的安装(衬套、垫圈、螺母等)?	如果是，记分为 1
11.这个步骤是否包含不容易看见的要求，不易被发现或不容易掌握的提示和项目?	如果是，记分为 1
12.这个步骤是否发生在任务的末尾?	如果是，记分为 1
13.这个步骤是否发生在任务的主要目标完成之后而其实际任务完成之前?	如果是，记分为 1
14.这个步骤的性能是否易于中断或受外部干扰?	如果是，记分为 1
15.这个步骤是否可能由任务的开始执行者以外的人来进行?	如果是，记分为 1
16.这个步骤的性能是否有条件地建立在一些先前的动作、情况或状态的基础之上?	如果是，记分为 1
17.这个步骤是否要求记住详细的说明?	如果是，记分为 1
18.这个步骤是否要求将工具或不需要的物件从任务的即时位置移走?	如果是，记分为 1
19.这个步骤是否包含多重紧固件的安装和调整?	如果是，记分为 1
20.这个步骤在现行任务的执行过程中有时是否不被要求?	如果是，记分为 1

说明：将这个清单应用在所有由任务分析或手册确定的任务步骤中。如果不确定，给特征人记肯定分。将每个任务步骤的分数加起来然后输入评分网格的各个栏目中(见内容讨论)。

(1) 选择一个有遗漏倾向的作业或项目的任务，特别是遗漏会严重危害安全的任务。

(2) 将这个任务拆分成其部件的步骤。每个步骤规定为能够实现必要子目标(例如，安装轮轴垫圈)的活动。不要尝试将步骤拆分成分离的活动(例如，找到轮轴垫圈，拿住轮轴垫圈，将轮轴垫圈固定在前起落架轮轴上等等)。这不是操作测定。对于提供的细节水平，我们可以这么说，波音手册足以对步骤进行标定。

(3) 将描述任务步骤的概要输入到一个记分表中。记分表有任务步骤栏和遗漏激发特征栏。任何一个步骤都可能在几个特征下记分，因此记分表应当由20个记分列组成，每列对应一个错误激发的特征。

(4) 可以做出这样的判断，即某些步骤不太可能被遗漏(或者这种遗漏能很快被发现)，以至于它们不需要涵盖在这个步骤检查清单中。对于一架飞机前起落架机轮和轮胎的移动和安装，这些不必要包含的例子可能具有移走轮轴保护器或使用机轮更换吊车来移动机轮和将轮胎装配在轮轴上合适的位置。

(5) 使用任务步骤检查清单对20个有遗漏倾向特征(见表4-1)的每个确定步骤进行评分。注意这些特征都有不同的能够反映预测遗漏判断重要性的分数。对于每种特征，使用专业工程意见来决定"是"或"否"。如果没有任何疑问，最好将这项评定为"是"。

(6) 确定5~10个最高分数的步骤。这些分数是通过相加各个步骤的所有特征后将数据输入到全部行列栏中而得到。要对这些任务步骤准备合适的提示。

3. 注释说明

下面将分别解释20个遗漏激发特征。每一个注意项目与任务步骤检查清单(见表4-1)中的数字项相对应。

(1) 本步骤前述的遗漏可能会随着质量的下降而记录下来，也许又不受其影响。从周期性执行此项任务的人那里了解是否对遗漏的步骤进行记录(或之后检查到并进行恢复)是很重要的。

(2) 最重要的是拆卸和再装配之间的区别。将东西放回原处比拆开它们更容易发生错误。

(3) 心不在焉的遗漏只可能发生在"自动驾驶仪"上进行任务或子任务时。

(4) 当其中的内容或图表与执行人看见的实际情况不相符时，程序，手册或工卡常常在错误遗漏中被复杂化。

(5) 这是一个在分析部分要求达到某种判断程度的特征。如果在某种程度上某一步骤与任务序列的其余部分分开，或者没有受到先前活动的明显暗示，那么它在功能上是隔离的。

(6) 在进行此项工作中发生新变化时就应用这种特征。决定是否应用的条件可能是这样的；例如，在任务序列的某个特殊阶段需要额外的监察或检查，或者现在需要增加一些额外的活动。这些"增加"很容易被忘记。

(7) 这个特征包含了负迁移。情况也可能是这样的，某人由一个工作转移到另外一个与其有很多相似点也存在较多不同之处的工作。例如，在一些飞机上，轮隔片通常是连在机轮上的，而有的却不是。后一种情形的原因可能是因为忘记安装轮隔片。当技术员从某种飞机机型转到另一种机型，或在要求的动作之间经常存在些细微差别的地方经常会发生这种情形。

(8) 很多遗漏，如缺少垫圈、隔片、罩、紧固件等等。这些部件因为之后的重新装配或安装活动而常常隐藏于视线之外，造成遗漏很难被发现和恢复。

(9) 为了满足某些当地的情况，前述活动顺延或重复的步骤特别容易被遗漏。

(10) 以下情况经常会发生：一个步骤包含多个部件的安装(例如，3 个垫圈，10 个螺母等等)。而这里的某些项目很容易被遗漏。

(11) 不很显著，或者容易掌握的步骤或项目遵循着"眼不见心不烦"的原则，所以也很容易被遗漏。

(12) 在任务结束附近发生的步骤存在未完成的情形，其中个别情况由于第一个任务的未完成而直接进入到第二个任务。

(13) 一般情况下，任务的主要目标在所有必要的任务步骤完成前就实现了。例如，在主齿轮和轮胎安装中，主要目标——安装机轮和更换轮毂罩——在任务结束前就已经实现。剩下的工作就是关闭电路自动保险电门、移开标签、测试轮胎压力等等。这些紧随其后的步骤在时间压力和高工作负荷时特别容易遗漏。

(14) 原则上，所有的步骤都是易于分心或中断，但个别步骤较其他的更容易发生。要决定步骤是否属于这种情况需要进行判断和结合当时的知识。

(15) 在很多维修活动中，开始某项工作的人常常不是结束该项工作的人。一旦发生这种情况，就会出现较大遗漏的风险。

(16) 通常，某个特定步骤的性能取决于执行任务中早先遇到的情形或状况。这些条件步骤很容易被遗忘。

(17) 维修中的很多步骤需要存储大量的信息或者有程序近在手边。由于人们很少能同时进行"读取和执行"，因此常常出现这种情况，即要求正确执行步骤的信息常被遗忘进而产生遗漏。

(18) 来自质量下降和错误数据的事实清楚地表明，将工具和外来物品从作业区域移走的要求经常被遗忘进而产生遗漏。这种情况在随后的任务序列中很可能再次发生，但它仍然是鲜明而又清晰可见的。

(19) 紧固件，特别是多重紧固件，非常容易被遗漏。同时，它们可能在未完成的情况下被遗忘。

(20) 在某些条件下要求，而在其他条件下不要求的步骤易于被遗漏，特别是如果执行这种步骤的要求相对而言并不十分频繁的时候。

4．好提示的特征

实际上，从事这项工作的人通常都知道应当使用何种提示对易于产生遗漏的步骤或项目标记做出最好的判断。然而，不管采用什么形式的提示，有很多可用来有效回忆的原则。见表 4-2。

表 4-2　一个好提示的 10 个标准

为了更有效地工作，提示(存储帮助防止必要任务步骤的遗漏)应当满足以下 5 个情况	
显著性	一个好的提示必须能够在关键时刻吸引维修人员的注意力
紧密性	一个好的提示应当放置在尽可能接近必要任务步骤的位置以及时间和距离上的位置
前后关系	一个好的提示应当提供关于被记住的任务步骤必须在何时以及何处执行充分的信息
内容	一个好的提示应当具备充分的信息告知维修人员要做什么
计数	一个好的提示应当允许维修人员列举出需要包含在任何步骤正确性能中分散的行为或项目
除了满足这些主要的标准，一个好的提示还需要满足下列第二标准	
广泛性	一个好的提示应当在需要记住的步骤的大范围内有效工作
强制性	一个好的提示应当(当获准或者可能的话)通过停止深入的进展直到完成任务的方式迫使技术员进行必需的步骤
确认性	一个好的提示应当帮助技术员检查必需的步骤是否按计划进行。换句话说，该提示在步骤执行完成之后必须继续存在并清晰可见
便捷性	一个好的提示不应当导致不需要或附加的问题，特别是对于那些被证明要比可能的遗漏更加严重的情况
结论	一旦结束了作业和检查，一个好的提示仍应是易于移动的

大多数的维修单位都使用了某种提示，因此不难理解提示就像其他任何一种单个的引起回忆的工具，有着自己的局限性。人们容易忘记和忽略它们。它的影响力也会逐渐减小。相同的提示在一个地方停留的时间越长，就越可能变成背景或布景的一部分。为保持有效性，提示必须得到更新和激活，这方面的努力都是值得的。即使它们仅能成功防止所有可能遗漏错误的四分之一，但它们仍能对严重的人为因素问题产生重大影响。

4.4　组织措施

差错尽管都是些人为的行为，但促使它们产生的条件却是维修系统作为整体的产物。即便有些过于强调，我们也有必要再一次声明：差错管理不仅仅需要在个人或工作现场这一层面上采取措施，而且也需要在单位的各个层面上采取措施。本节将讨论对已知组织因素的管理技术，以便对维修差错和维修事故施加有力的上层影响。

本节一开始将提醒读者事故是如何发生的。其中包括三部分：原因因素、交互作用的时机和结果。尽管我们不可能影响发生的时机，或者完全避免差错的发生，但是，我们可以努力确定并排除许多的事故原因的因素，特别是那些目前存在于系统内部的原因因素。此外，我们还可以通过提高防御、屏障和防护措施，特别是涉及不安全行为的检测和包容的那些措施，从而减轻差错产生的后果。

一个有恢复力的单位的前提条件是全面的安全信息系统。它包含两个部分：被动结果措施和主动预防措施。这些措施可以结合起来以确定工作场所和组织中的差错诱发因素，同时还可以揭示防御中的缺口。

维修差错决策辅助(MEDA)作为一种能让分析人员追踪有害事件的系统根源的有效被动结果措施的一个例子进行介绍。管理工程安全健康(MESH)则作为主动预防措施的另一个典型例子来讨论，用于在有害事件发生之前确定并指导克服系统缺陷。本节以一组提问结束，这些提问用以确定防御方面的差错检测和差错包容的缺陷。

4.4.1 事故是如何发生的：提示

在讨论具体管理工具之前，我们需要先简要回顾一下不良事件的性质。本文中提到的"事件"是指不需要并没有计划发生的任何事情。其范围可以从无关紧要的错误扩展到灾难性的事故。所有的事件都包含 3 个基本部分：

(1) 原因因素。差错，妨碍，潜在系统状况，技术故障以及相似因素。

(2) 时机。指一个时刻，在这时刻引起事故的各种因素聚合在一起，产生了贯穿于某些或所有系统防御的通道。

(3) 结果。如上所述，这些结果涵盖了一个广泛的范围，从微小的不便到生命和财产的灾难性损失。

既然我们不能轻而易举地掌握事件发生的时机，我们就只能从方程中移走一些造成更大损害的原因因素，这样，就使深防御被击穿进而产生坏结果的几率可能会减少。我们可以通过两种方式进行此项工作：采用被动的结果措施，可使其从先前的事件中吸取教训，进而采用主动的预防措施，以便评估系统的安全性状态，然后采取针对性的补救措施，以便增强其对运营风险的基本抵抗能力。通过用一种协调的方式使用两种数据收集技术，就有可能在由于维修事故的多个因素集合而导致损伤、损失或毁坏之前将它们确定并转移。我们将在下一节中讨论这两种措施。

事件发生的时机，特别是在复杂而又充分保护的系统中，在很大程度上纯属偶然。我们可以有能力控制哪些纸牌是在一副里，但是，在很大程度上机遇确切决定什么时候发牌。

将各种事故产生的因素集合起来的结果主要是由当时的情况决定的。如果结果是无伤害的，那么这种结果就无关紧要；如果是不可原谅的，那么结果就可能是个灾难。假如管理者努力使系统作为一个整体对不幸事故更宽容，这些影响可以减轻到某种程度。

4.4.2 被动和主动措施：携手合作

前面提到的被动结果措施和主动预防措施是用一种互补的方法起作用，以便确定在单位的核心活动中，哪一种活动在给定的时间上最需要加以改进。这些措施的互补作用总结在表 4-3 中。

所有的维修活动都有很多共同因素，这些因素对单位商业成功和整个系统"安全健康"都有深刻影响。在组织水平上，这些因素包括组织结构、培训选拔、人员管理、工具和设备的提供、商业和经营压力、计划和日程安排、通信以及厂房和设备的维修。所有这些实践，加上很多未曾提到的信念、价值和劳动力及其管理标准，都对单位的组织文化起到了决定性作用，其中安全文化是一个非常关键的因素。

表 4-3　被动结果措施和主动预防措施如何能够共同揭示
系统性的和防护性的缺陷

	被动结果措施	主动预防措施
工作场所和组织因素	对很多事件的分析有助于揭示单独事件中不易察觉的原因和影响的重复故障模式	对系统"重要迹象"的常规取样揭示了那些最需要纠正的地方，从而导致在"适应性"或弹性方面有稳定的改进
防护、屏障和安全装置	每个事件都表示能够部分或全部穿透很多维修系统的保护层	这些常规检查也能揭示防护缺陷目前的存在的方位，以及将来可能发生的位置

这种"上层"的影响在特殊工作场所确定了当时当地的情况。这些当地的因素包括知识、劳动力的技术和能力、工具和设备的质量、零件的可用性、文档、手册和程序、简易的工作途径、计算机的支持等等。这些因素轮流对个别维修的可靠性和效率产生直接的影响。回溯在采用蚊子类比法，这些因素可能是产生错误和危害的"沼泽"，它们也可能成为维持好的性能所必备的条件。

在任何一种情况下，我们都需要建立一个监督和针对改进的连续循环系统。如果忽视了这种审查和改革程序，这些中心活动就很可能成为引发将来事件的原因因素。

4.4.3 被动结果措施

任何组织，如果要认真减少并控制人为因素问题，就必须先理解文化和发生于本系统内部的错误的多样性。安全文化是一种有见识的文化。仅仅收集并分析那些产生较大后果并不得不被记录的维修差错是不够的，这只不过是更大的隐患显露出的很小的可见部分。为充分地评价重复管理的差错模式，并为了能够以最有效的方式使用有限的差错管理资源，你需要了解有关的小的失误和"免费的教训"，即未付出代价的教训。这些都是属于差错，只不过有些即将发生，或者，有些是过去检测到的并且得以恢复而没有造成不良影响。

为了得到这方面的情况，必须说服有关工作人员以充分的详细程度和充分的有用数据报告这些造成的损失不大的事件。这不是件容易的工作。人们一般不轻易承认自己的失误。但正如很多的成功方案所表示的那样，这是可以实现的。这要有两个必要的前提：信任和报告的便捷性。信任处于安全文化的中心。信任在很大程度上取决于个人对可接受和不可接受行为间的不同理解。在数量上，这个比率大概是9:1——也就是说，90%与维修相关的差错属于无过失的范畴，但这些差错如果被上报的话就不应当被制裁。实际上，他们的报告应当受到奖励。

一旦有足够多的差错报告，就有可能根据因素的多样性对它们进行分析，这些因素可能与差错的发生相关。这些差错因素包括人员、任务、设备的位置或类型。

图 4-6 描述了与各种差错因素有关的差错频度两种可能的分布。左边的分布显示了差错对该种因素的平稳分布——如果差错的发生和作为横轴的因素之

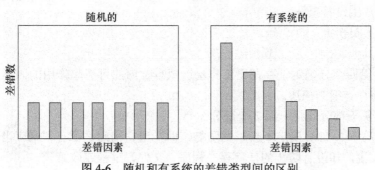

图 4-6　随机和有系统的差错类型间的区别

间的关系在很大程度上是随机的话，那么这种分布就是我们所期望的。然而，右边的分布却显示了与具体因素有关的一连串的重大差错，这表明仅有某些因素在产生人为因素问题方面是起作用的。这些有系统性的类型之所以有用，是因为它们允许有限的差错管理资源在那些最需要深入调查和处理的地方具有针对性。

重复差错模式的存在为系统内部差错陷阱的存在提供了一个重要暗示。不论谁是该项工作的执行者，差错陷阱都是指在工作场所或系统中能够不断产生相同差错的状态。问题显然出在环境而不是人的身上。一个安全单位规定的特征之一就是它能够努力找到并排除差错陷阱。

维修差错的决策辅助(MEDA)是专门针对维修环境设计的有效事件分析工具中的一个很好的例子。MEDA 是 David Marx(后来成为波音的工程师)创造的。尽管有很多事件报告系统存在于维修世界里，但 MEDA 还是最具原则性并被广泛使用的一种工具。波音将其免费提供给所有的航空公司客户。尽管它是根据飞机维修人员的需要而定制的，但它能轻易地适应所有类型的维修操作。

MEDA 的结果格式由如下 5 个简要部分组成：

(1) 第一部分集中了航空公司的普遍的信息、飞机类型、发生事故的时间等等。

(2) 第二部分描述了运营事件(例如，飞行延误、取消、返回始发点、飞行中发动机停车、飞机损坏、损伤，改航等类型)。用户也要求给出一个对事件进行大概 20 个字或少于 20 个字的书面描述。

(3) 第三部分确定了维修错误的性质。错误主要分为以下 7 个方面：

① 不恰当的安装；

② 不恰当的维护；

③ 不恰当的故障隔离/检查/测试；

④ 外来物体损坏；

⑤ 周围设备损坏；

⑥ 人员伤害；

⑦ 其他。

(4) 第四部分确定了存在于工作场所或单位内的可能起作用的因素。我们在下面将做详细的描述。

(5) 第五部分包括下面 2 个部分：

① 第五-1 部分确定不合格的防御。即，当它询问是否有本来应当可以防止事件发生，却没有防止的任何存在程序、文件、过程或政策。

② 第五-2 部分要求分析人员分条列举建议的正确措施，它应当在当地水

平和普及的单位内实施以防止事件的再次发生。

因此，第一至三部分回答了关于"什么"的问题。第四部分回答了"怎样"和"为什么"的问题。第五-1 部分确定了故障系统的隔离，第五-2 部分概述了将要解决的措施。

在本质上，为了分析过去的事件，由 MEDA 和其他工具提供反馈信息，可以通过更多的主动性措施而不断增多。这些主动性措施包含对工作场所已知的产生差错因素的连续评估和能对单位的"安全健康"起作用的系统内部因素的常规检查。

4.4.4 主动预防措施

这种或另一种的监督检查也许是最普遍使用的主动预防过程的评估工具。然而，在最近的 20 年里，其他主动预防方案现已设计为必须在很大程度上依靠"上层"那些人做出的标准化判断。与监督检查不同，这些方案都是自下而上的实施手段，由下向上发送信息，而不是由上向下传达的文件。通过这种方式告诉监督者或管理者生产第一线上真正的工作状况是怎样的。它们还可以特别用来确定并区分对人为性能产生有害影响的工作场所因素和组织因素的优先等级。主动预防措施不依赖于先前发生的差错或坏的事件，其目的是确定那些以后可能会导致事故的工作场所因素和组织因素，并且在最需要注意的问题上指出补救措施。

管理工程安全健康(MESH)是这种类型的主动预防措施的一个典型例子。它是在 20 世纪 90 年代早期由英国航空公司工程部开创的，后来经过修改由新加坡航空工程公司使用。MESH 一套是诊断文件，用来监督对任务施工产生最不良影响的具体工作场所、情景和组织因素。总地来说，这些措施不论在局部工作场所层面上还是总体上，都是用来显示系统的安全(和质量)状态。为方便起见，整个诊断文件是在连接的一套计算机程序范围内执行。

MESH 是基于下列理论提出的。

(1) 安全不仅仅是产生负面结果的问题，它还是系统固有的一种抵抗功能，用以阻止运营危险和事故因素的产生。这种回弹性就叫做"安全健康"。

(2) 不论是在局部工作场所的层面上还是整个组织的层面上，安全健康是许多因素之间相互作用产生的某种品质。

(3) 一个系统的安全健康只能通过这些局部或组织因素的有限子集的定期测量进行的有效评估和管理。

(4) MESH 的设计提供了保持长期适应性程序所需要的各种测量。

局部的因素如何精确地进行评估取决于工作场所。有些因素对于所有的位置而言都非常普遍，但另外一些会随着位置的变化而变化。例如，以下 12 种局部因素是随着机库的评价而判断的。机库中，航线维修人员进行了一整夜的"急救"修理。

(1) 知识、技能和经验；

(2) 士气；

(3) 工具、设备和零件；

(4) 支持；

(5) 疲劳；

(6) 压力；

(7) 白天工作时间；

(8) 环境；

(9) 计算机；

(10) 文件、手册和程序；

(11) 不方便性；

(12) 人员安全特征。

我们并没有对这些因素做一个全面的列表，而是计划以一种民意测验的方式对工作环境的质量进行取样。

通过对这些局部因素涉及到的少数工作、日期或任务(这些是怎么规定的取决于具体的工作位置)在问题到达某种程度前做出简单的主观判定，我们会预先做出评估。这些评估是直接在电脑上操作鼠标或者键盘进行的。

对这些局部因素的评估是通过在任何给定的位置结合 20%～30%的"实际"的劳动力进行的。评估者是随机选择的，并且每人只接受常规的评定。在某些领域，这些评估是以一周为基础，而在别的领域里，每月的评定被认为是更合理的。对于给定的一组评估者要在有限时间内运作，比如说一个季度，这之后又有一批新的评估者被随机选择等等。这种选择的方法可以保证 MESH 是一个取样工具。

评估者采取匿名的方式进行评估。登录到 MESH 程序时，要求他们给出各自的打分、行业和位置。完成评定后，还要向各评估者提供一份他们自己输入的概要总结，这要连同过去 4 周所做评定的累积评估概要一起提供。

图 4-7 表示的是局部因素分布图的一个典型例子。Y 轴在序数尺度上表示的是每一个局部因素在给定时间段进行多种任务形成的问题所到达的相对程度。很显然，分布图显示了哪些是最需要纠正的局部因素。其目的在于让局部管理者将精力集中在 2～3 个局部因素上面。资源经常是有限的。锁定某些特别的问题胜于尝试处理所有的问题。因此，局部因素模式允许管理部门为即将到来的时间段优先选择质量和安全目标。

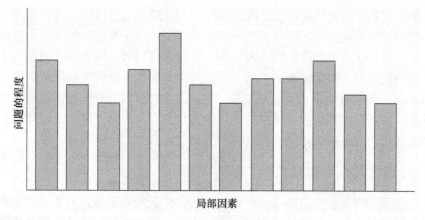

图 4-7　局部因素分布图

　　MESH 程序也包含一个允许用户描述问题的具体形态的"注释"程序。最后证明它在指导随后的补救措施方面是很有用的。必须强调的是，MESH 注释程序是补充而非替代现有的质量报告系统。

　　尽管接受评估的局部因素将随着工作场所的变化而变化，在每个维修地点需要测量 8 个相同的组织因素。因素如下：

　　(1) 组织结构；

　　(2) 人员管理；

　　(3) 工具和设备的供给和质量；

　　(4) 培训和选择；

　　(5) 商业和经营压力；

　　(6) 计划和安排；

　　(7) 厂房和设备的维修；

　　(8) 通信。

　　当第一线维修人员评估了局部因素，需要用技术管理等级对组织因素进行评定，即对在整体组织及其具体的工作场所之间起联系纽带作用的人员进行评审。由于组织因素的变化可能比局部因素更慢，因此所做评估的频率要减少，比如每月一次或每季度一次。

　　随着局部因素的评估，组织因素数据由 MESH 程序归纳为杠线图表曲线。曲线图的目的是确定 2 个或 3 个最需要改进的组织因素。随后的曲线图提供关于这些补救措施的成功或其他的信息反馈。

　　简言之，通过在局部和组织层面做系统的"重大征候"的常规评估，MESH 集中于质量和安全的积极的方面。它提供"软"数据为管理部门使用，并通过这些数据对人为因素问题按优先顺序排列,并在解决这些问题时进行追踪。

主动预防措施文件,不是另外一种安全"附加"文件,MESH 就是这些文件中的一个。这些文件用来测试局部和组织的各种因素,因为这些因素同生产和质量的关系与它们同安全的关系一样。正因为如此,这些文件就成为管理人员的专业工具包的一个重要组成部分。这些工具(文件)也不能代替现有的安全与质量措施,只能将它们扩展并与这些措施相结合。的确,成功应用像 MESH 这样文件的一个先决条件是这些文件的其他"好措施"已经到位。

4.4.5 确定防御中的缺口

尽管我们竭尽全力预防维修差错的发生,但我们知道还是发生一些差错。所以我们需要确保系统的差错容限,这一点可以通过确保有适当的防御措施到位。本文涉及两种重要的防御类型:用于检测差错和意在包含未被检测出的差错造成的后果。

有两个方面是务必要考虑的。第一,差错总会发生。第二,差错也许,甚至极有可能会产生超出掌控任务的有害结果。从本质上讲,对于那些可能专注于具体工作的维修人员来说,可能不会有这种考虑。因此,这种想法只能落到那些管理者头上,因为他们的职责超出了具体工作场所的界限,以便采取积极的措施提高发现和纠正不可避免差错的可能性。如果这种做法失败,就要确保这种差错在系统的其他部分不会产生不良后果。由于单个的差错在很大程度上具有不可预测性,导致防御中的缺口随处可见。但我们最好能找到它们。下面的问题,如果回答是肯定的,就说明在差错检测防御系统还存在缺陷。

(1) 是工作自我检查还是由同一个工作小组的成员检查?

(2) 功能性检查是否因时间的压力而被忽略或简化?

(3) 给予维修人员展开功能性检查的时间是否不充足?

(4) 是否要求进行明显不必要的功能性检查?

(5) 工作场所的氛围是否妨碍对同事工作进行的全面检查?

(6) 某些安全至上的任务是否缺少差错检测防御措施?

(7) 轮班在收尾时,当维修人员可能出现疲劳状态时,功能性检查是否依然占据主导地位?

(8) 是否对未完成的工作做了完成和符合要求的签字?

(9) 系统是否已经通过了维修后的测试,但是在返回使用时又不能工作?

如果都是以否定来回答以下任何问题,极有可能是因为差错容限的防御措施不充分。

(1) 如果维修正在"现场工作"的系统上进行,那么维修在进行时是否会对系统的其他部件导致最小破坏？

(2) 允许工作的系统是否充分？

(3) 是否做了巨大努力来避免多重冗余系统同时受到破坏？

(4) 是否使用了交错维修来避免维修差错导致的破坏？

(5) 维修后，系统在返回全面使用之前是否在宽畅的环境中操作？

(6) 操作者或生产人员是否与最近的维修活动一直保持联系？

我们从来不能保证避免所有不良事件的发生，但是通过增强防御措施，以及确定和消除(尽可能的)潜伏在所有系统中已知的偶然因素，我们可以增加系统的内在抵抗力。零事故、无失误和全部克服人为效用问题都是不现实的目标。但是，尽可能合理可行地防止运营风险却是可实现的目标。当然这不是为了阻止风险而完全关闭设施，这是你希望得到的并能一直立于不败之地的最好结果。

4.5　对差错管理的管理

本节的目的是通过关注差错管理的管理将本书的各条主线融合到一起。除非进行有效的差错管理，否则我们将受到差错的管制，并且这在维修组织中尤其正确。其中，活动(作为输出象征)具有一个数目相当大且令人烦恼的差错特征。失败的代价是惨重的。前面，我们列举了一些主要事故，其中维修差错是主要诱因。由于没有理会这些突如其来的大灾难的可能性，许多维修单位每年需要花费大量金钱作为不完善差错管理的代价。即使灾难看起来好像一个很遥远的可能性，至少对于减轻痛苦的作为，也必须采取奖励的措施以正常运行差错管理。

本节的内容涉及到差错管理中也许是最棘手的方面——差错管理如何产生并持续实施。我们首先仔细分析了质量和安全管理系统与差错管理的区别和相似之处。差错管理在质量和安全管理系统中发挥着至关重要的作用，它受到很多关注。在最近关于人员与单位关系的研究中，差错管理被视为起点，它是以了解各种维修差错、工作环境、系统原因与产生不安全因素的关系为基础的。差错管理并不是一个正规的系统，质量和安全管理系统才是。差错管理涵盖面向各个层次的基本人为因素培训：维修个人、维修小组、维修团队、整个维修单位。差错管理是一种由下向上的形式，而不是由上至下的。它是依据事物现在的形式而不是事物的应有形式。由此，我们说差错管理是质量和安全管理中不可缺少的组成部分。

有效的差错管理中最显著的特点也许是它在很大程度上依赖于具有适当的防范意识而不是依赖于大量资金的投入、职工的工作时间或其他昂贵的资源。

在危险环境运营的高可靠性单位以"集体的留心"为主要特征。他们持续地保持着对人员、技术、组织失效的可能性的认知。他们希望差错发生，从而能够培训员工了解、预防并纠正差错。他们花费很大的精力建立报告文化，并且通过以往的事故数据归纳出发生事故的临界数据。

本节的最后一部分是关于测试单位适应性的能力。为零事故而付出的不懈努力是不现实的，可行的目标是尽最大努力提高并维持系统的可靠性。值得讨论的还有：持续适应性的文化动力是承诺、认知和能力。这一观点被应用于两个检查单中，用于测评系统在人为因素问题和安全危害方面的应对能力。这在本节中，适合的主要是为了表明在各个管理业务的层次上揭示出来的这些特征范围：原则、方针、程序和实践。这两个检查清单中任何一个都不代表综合列出的这些性能。我们鼓励读者思考影响系统"健康"的其他因素。

最后，我们有一些建议：差错管理程序之所以进展缓慢，是因为我们过去不当的精力分配。我们要尽量在高层中实行自己的差错管理程序。实际上，这应该变成高层管理者最关心的项目。至少，应该委派一名信赖差错管理程序并愿意为之奋斗的拥护者来执行。这个人应该直接向高层管理者汇报。依照经验，实行差错管理的最佳时机应是高级管理者同时受到涉及不安全因素和组织因素的事故冲击的时候。这种冲击的有益效果虽然不会持续很长时间，但却足以促使差错管理程序实施并持续运行。

不要同时尝试各样事情，应当从一些涉及面广的简单事情着手。人为因素和组织因素的培训应当结合针对性的疏忽差错管理。例如，波音公司在重新装配时因为疏忽了锁紧导线问题的召回而引发事故后制定了成功的差错管理计划。有效的差错管理是逐步开展的，并非一朝一夕甚至一年的事。Michael Crichton 在他的小说《升起的太阳》中阐明这段日本话的意思：美国人总是寻求数量的跃进，即大的前进。美国人企图打一个本垒的球——把它打出运动场——然后坐享成功的喜悦，但日本人全天只打了一分球，却未曾停下前进的脚步。

4.5.1　概述

对有效的差错管理而言，一个可能的障碍是维修设备的管理。在过去的10年甚至更远的时间里，这已经被要求应用于许多管理系统。而差错管理仅仅是这个系统中的其他方面，还是加在已经很沉重的工作量上的又一负担？为了使大家确信这个不是问题所在，我们首先需要整理质量管理系统、安全管理系统和差错管理系统之间的差异以及重叠性。

1. 质量管理系统

全面质量管理系统(TQM)的起源基于统计程序控制(SPC)，而统计程序控制是 20 世纪 20 年代在纽约由贝尔实验室发明的一项技术。SPC 要求质量管理在制造中而不是生产线的末端发挥作用。质量管理领域的权威爱德华·戴明于 20 世纪 50 年代将 SPC 技术带到日本。现在这一成果已经得到广泛认识，并于 20 世纪 70 年代重新进口到美国。在美国，其他的质量管理领域专家例如 Juran、Feigenbaum、Ishikawa 等对美国的管理有着深刻的影响。TQM 后来遍及了整个工业世界，尤其在航空维修单位中被广泛采用。TQM 的核心特征是"质量是每一个人的责任"。这不是在生产线末端由一些特殊监察员所控制，而应该是贯穿整个生产进程的保证。因此，我们说质量保证而不是质量控制。简要的说，质量必须被设计到生产的每一个阶段。

质量保证(QA)是 TQM 的审查目标。它的主要特点总结如下：

(1) QA 是关于向消费者以及其他人确保各系统能够使产品和服务满足或达到某种要求的质量。

(2) QA 可以通过文件化的方法达到特定要求，并且通过审查以保证在计划内完成。

(3)任何的差异都将得到反馈，这样单位可以采取正确行动从而实现持续改进。

在维修领域中，以可靠性为中心的维修(RCM)原则与 TQM 有些相似之处。RCM 是一个按原则的方法决定维修的要求，它已经被广泛应用到许多的工业部门。

我们现在要探讨的是质量保证。同时，我们还需要概述安全管理系统的主要特征。

2. 安全管理系统

安全管理系统至少在英国起源于 1974 年的职业健康与安全法(HSW Act)。这部法案由 Robens 委员会拟定。委员会始创了现在广泛使用的有关自我管理的规定。此前，安全立法系统还不完整，并且几乎都是依据规章，从而把很重的义务强加到雇主身上，而维修人员的参与行为主要是通过纪律措施来保证的。有别于以往的立法，职业健康与安全法并没有大量的实施细节并考虑具体的危险。但是，它对受雇者、雇主、供货商以及用户的责任都提出了建议。

1988 年，Cullen 通过《Piper alpha Disaster》杂志发表了一篇报告。报告中，把管理办法由基于法规转向基于目标，这就逐渐产生了相当大的推动作用。这个管理办法于 1990 年正式发布，它的发布为近海石油和天然气的设备建立了一种新的管理模式，并在后来广泛应用于危险设备的管理中。这种新的管理模式要求操作者承担关于主要危险的安全测评并且能够证明控制、防御以及安全防护均被使用。我们将之称为安全文件，一个安全管理系统是安全文件的主要组成部分。下面引用 Cullen 报告的内容：

安全管理系统应设定安全目标，这些目标要切实可行并符合标准要求，而依照标准可以对目标进行监控。这种安全确保原则与 ISO 9000 标准中的相关要求有异曲同工之处。

在石油和天然气公司中，SHELL 勘探生产公司在第一代安全管理系统的发展中处于领先地位。这种先驱效应几乎在随后的系统中都留有痕迹。安全管理进程包含 4 个基本步骤：

(1) 危险识别。在我们的操作中都面临哪些危险？哪些最有可能演变成事故？

(2) 风险评价。这些危害的严重性有多大？它将带来危害或损失的可能性又是多少？

(3) 防御和安全防护。哪些防御设施需要启动来对抗危害带来的后果？

(4) 修复。如果已经发生了危害，我们必须做什么来弥补？

为了满足 ISO 9000 的要求，必须在每一步形成书面文件，这是安全管理系统的组成部分。同时还应当包含以下要素：

(1) 安全管理方针。这证明了由上至下的进程通过上层管理表达他们的承诺以达到单位的安全目标并制定单位的安全方针。

(2) 安全管理原则。这取决于安全管理的方针，并且应通过证明单位遵守安全管理方针的陈述来确切阐述安全目标的内容。

(3) 安全管理进程。单位应编写程序以描述保证满足安全目标。其中应包含控制、责任、安全批评活动以及权限等方面的陈述。

(4) 安全保证文件。其中应该包括现在的操作、所有的组件、设备以及相关的活动。目的是为了确保这些实体是可以进行安全并持续操作的。

它们也应该包括任何的计划改变以及现有制度的补充。安全评价应该是任何新系统或现有系统改进的第一个步骤。

一旦完成，安全文件(包含正规的安全评价、安全保障程序以及方针、政策、程序的文件化)就会成为管理者制定适合具体单位规定的标准。这一基于目标的规定产生的转变带来了很大的好处，特别是对单位考虑自身发展，尤其是第一次关于困扰单位运行危害的思考。建立一个让人满意的安全管理系统需要单位了解相关的业务运作——有的时候只是在第一次需要，但是，其中存在着我们必须进行简短商讨的问题。

4.5.2　安全管理系统和质量管理系统的主要特点

由于质量管理的变动对安全管理系统的运作产生了显著的影响，这两个系统共享着很多的好处和特点。

(1) 不管是质量还是安全都不能通过逐步渐进的方法来实现。两者都需要计划和管理。

(2) 两者都依赖测试、监控和文件支持。

(3) 两者都涉及整个单位：每一个职责、每一项进程以及每一个人。

(4) 两者都为持续发展而努力奋斗，而不是以瞬间辉煌为目标。

但它们也有共同的问题。由于它们对文件过于依赖，有些时候(不是经常)两者都是依靠大量的文件来管理系统，这就会产生风险。这种形式胜过实物并且大量厚重的活页夹(这里且不谈制作这些需要的额外工时)可以作为单位质量和安全存在的证明。但在单位的高层管理者眼中却最重要，组织文化、思想倾向以及一线人员的工作经验都记录在其中，无论量有多么大都无所谓。规定者、管理者以及专家们都是非常忙碌的，所以一直希望能够使用检查单的方法对系统进行评价。如果文件中的适当部分是现成并正确的，那么自然会有一种倾向来假设在真实环境中认为是重要并存在的。

如果这看起来过分苛刻，让我们看看以下关于"质量确保"维修事故的例子。1990 年，有一架 BAC1-11 飞机的风挡被吹掉；1993 年，一架 A320 飞机起飞后，其扰流板仍处于维修模式；1995 年，发生了一起一架 B737-400 飞机由于发动机转子顶盖丢失而引起的发动机滑油泄漏事件。在这三起事故中，维修单位已经完成了以质量控制向质量确保的转变。每起事故中，各个高级飞机工程师都满意地签署了自己完成的工作，而事实并非如此。所有的事故都发生在夜班，当时没有 QA 部门的人员参加以评定工作的充分性。另一起质量保证事故发生在 1994 年位于昆士兰 Moura 煤矿，在这起事故中有 11 人死于甲烷气体爆炸。而在当年的早些时候，该煤矿却通过了 AS3902 的质量认证。

从这些事故中我们学到了非常重要的两项功课。第一，必须有合适可用的系统，也就是说必须能够识别和控制风险，尤其是人为风险。第二，当文件并不完全符合时，依赖文件是不好的。明智的专家应该经常考虑系统可能出问题的多种原因。对专家而言，最需要关注的问题应该是"所有可能的系统问题已经通过现有的方式揭露了吗？"

还有最后一个关于质量和安全管理系统的难点：现在建立良好的系统不仅反映出人为或组织的问题，甚至是技术和工程的问题，这一点目前已经成为维修单位中的主要风险。在 20 世纪 50 年代到 70 年代，维修差错主要是由于粗心大意或者是人本性中的一些固执因素造成的。安全管理系统是本质上的调节器，并且规定者应该具备技术上或操作上的背景。这其中的任意一个部分都没有特别了解行为学或社会科学在过去 20 年甚至更多时间内的发展。这也是为什么差错管理已经成为一个必不可少的基本角色，而这也是测量在这本书中是维修管理不可或缺的部分的原因。

4.5.3　差错管理的必要性

自从差错在安全和质量中具有相当大威摄力以来，对它的控制就在这两个管理系统中占据着很重要的地位。事实上，如果大家都不重视差错控制，这将演变为一个相当严重的漏洞。但是在我们的经验中，没有任何系统的差错管理得到应有的重视。在现有的大多数质量和安全管理系统中，最主要的注意力都被放在大量的技术、管理程序文件上，并且是很难放在创造者的工程、操作以及管理背景上的。这本书的主要目的是提供相关的背景知识、必备的模式和工具来纠正这种不平衡。为了让这种目的更加清晰，下面列出差错管理不同于质量和安全管理系统的特征。

(1) 有效的差错管理从适当的思想倾向中获得的东西比从广泛的文件中更多。所以说，这不可以简单理解为一个"系统"。有些时候，它可以通过大量厚重的活页夹来"证明"自己，虽然它能够并且也应该文件化。我们应该将它的要素视为典型质量或安全管理系统的一部分。

(2) 有效的差错管理采用墨菲定律(Murphy's Law)作为起点。人们做某种事情，如果存在一种错误的做法，迟早会有人按照这种错误的做法去做。差错和质量上的小问题都是正常的，就像人生中的呼吸和死亡，虽然不能被消除，但是采取针对人、团队、任务、工作环境和系统的广泛措施可以在很大程度上控制差错。虽然没有完美的办法，但是每个单位都应该采用最适合自身运作的措施。

(3) 有效的差错管理要求对多种多样的维修差错和影响条件有所了解。不同的差错需要采取不同的措施。如果可能，改善环境而不是一味地改变人为状态，这种方法更好。事件和过失更可能是引起差错的任务和工作环境条件的结果，而不是有差错倾向的人的结果。工程上的解决方法不管技术上还是社会上，经常会比心理上的解决方法效果要好，而且更为持久。

(4) 有效的差错管理需要一种闻多识广的文化，这种文化对于干扰人的效用的各种因素都得到"集体的关注"，并且知道在何处存在着有益和危险的边缘。这就要逐步建立一种组织文化，这就是愿意报告不安全行为并能从这些不安全行为吸取教训的文化。

(5) 仅仅使某种差错减少或差错包容的工具到位并假定其没有进一步关注就会自动工作，是永远不可能实现有效的差错管理的。这并不是对许多技术管理者的特别不相信，这些技术管理者习惯于装配好设备，然后接通并合理地期待，只要电源通了，设备就会按照预想工作。他们也习惯于使用工作清单来核对各个人的工作。但是差错管理工具并不是像这样的。工具本身不能核对清单，他们需要在正常运作的基础上观察、关注、惩罚、奖励和调整。这就是为什么我们很早就宣称一个恰当的防范意识是有效差错管理的精髓。

质量安全管理系统与差错管理之间有一个更重要的区别。前者在应用程序上大多是由上至下的——由高级管理者或规定者强加的——差错管理有一个巨大的由下而上的组成部分。质量和安全系统的文件陈述了组织应承担的责任。在尖锐的对比中，差错管理工具，如事故报告程序和主动预防措施(如 MESH)等，都揭露了事实的真相。其中一个是方法上侧重标准规范，而另一个却是侧重于实况的语言描述。正因为如此，它们是互补的。差错管理并没有取代质量或安全管理系统，它只不过是这两个系统的一个补充。

4.5.4 加强防范意识

美国科学家 Karl Weick 提出了关于可靠性属于动态无事故的理论。可靠性之所以具有动态性是由于程序始终受控，并通过系统的人为因素进行持续的调整、适应和补偿。而所谓的无事故是由于"正常的"结果很少或甚至不会引起关注。这种似非而是的隽语深深扎根于这一事实，若有，事件就引起注意，而按照这种说法，若没有，事件就不会引起关注。

最近，Weick 和他的同事曾对听到的这一说法持有异议，即所谓"一个单位的可靠性取决于它的日常工作和活动的一贯性、可重复性、以及一致性"观点。他们辩称，墨守成规的做法不能应对意外的事件。为了说明高可靠性单位在应付意外事件时取得成功的原因，他们提出了单位的两方面的功能：认知和行动。认知功能关系到对不良突发事件的可能性保持警惕，并且在突发事件造成坏的结果之前，要有检测、理解和纠正差错所必需的集体防范意识。传统的"有效率"的单位力争稳定的活动模式，而同时要拥有不同的认知水平——这些差别在不良事件的前后相当明显。另一方面，在高可靠性单位中，虽然鼓励将灵活性应用到各项生产活动中，但是与操作危险有关的单位中的思想倾向也具有一贯性。这种认识上的稳定性关键取决于闻多识广的文化，或者是 Weick 以及同事们提出的所谓"集体关注"。

集体关注允许组织以一种理想的方式应对意外事件。"理想"并不是指在任何场合下都能实现，但证据表明，这种长期的担心是单位适应性的关键组成部分。既然事件不常有，有明智性警惕的单位就花费大量精力从手中的少量数据中提取最有价值的东西。他们通过表扬甚至奖励的方式建立一种报告文化，鼓励人们敢于上报自己的差错和过失。他们还设定这样的假设条件，即：那些看似孤立的失效可能来自于许多"上层"的事故原因链的交汇处。他们不是把这些失效局部化，而是把它们普遍化，即从中概括出有普遍意义的结论；他们不是采用局部修理，而是致力于整个系统的改良。他们没有以过去作为将来的指导；意识到系统的故障可能采取尚未遇到的广泛性的形式之后，他们继续留心墨菲(墨菲定律)及其同伴 Sod 用以能够击败或避开系统防御的"神秘途径"或新颖方法。

4.5.5　适应性的研究

这里的适应性我们是指抵抗力，是指单位抵御操作危害的性能。典型的系统适应性是通过测量某一特定时间内系统抵御的不利事件来评定的。但是这种方法并不十分适合系统。首先，它反映的可能只是薄弱时期的偶然现象，而不是单位潜在的不安全状态。第二，事故是否会发生，其偶然性是很大的。但是偶然性起到的是两方面的作用。在一段给定的时间内没有出现事故并不意味着单位是健康的，而单个事故的发生也不能说明单位缺少基本的活力。简单地说，我们需要另一种测量方法。

工程师使用一种非常直接的方法来测量适应性：破坏性测量。在车间外面，一个较合适的实验可以反映系统瘫痪之前的平均问题数目。英国航空事故调查机构最近发布了关于 1970—1990 年间 90 起灾难性事故的调查报告，其中阐述了 16 种可能的影响因素——飞行员差错、天气原因、发动机失效、机体问题、燃料不足等等。这些因素在报告中都被视为引发事故的可能因素，并且对三种机型作了比较：大型商用喷气式飞机、轻型飞机(通用航空)和直升机。结果清楚地显明，直升机减少了 1.95 个问题，轻型飞机减少了 3.38 个问题，大型喷气飞机减少了 4.46 个问题。很明显最后一种机型比直升机或轻型飞机更能够良好地保持固有状态。

上述讨论的方法虽然非常直观，但对于没有经历过重大突发灾难性事故的系统来说却是十分困难的。另外还有一种方法是明确单位的特性。我们可以通过获取大量的信息来确定哪些是高可靠性单位所具有的特性。

下面所列举的两个检查单涉及到一些证明单位活力的因素。第一个检查单(人类效用认知检查单，简称 HPAC)的设计，是为了通过单位成员对自身系统活力的评价、人类效用问题的起因以及处理这些问题的办法来得出结论。第二个检查单(对机构适应性评估检查单，简称 CAIR)采用的是更为清楚的方式，并且专门应用于测量单位中的安全和差错管理工具。这两个检查单都假设单位的适应性是以"承诺、能力和认知"为基础的。

(1) 承诺。在日益俱增的商业压力面前，上层管理者期望差错管理和安全管理产生更大效用吗？

(2) 认知。管理者了解"安全战争"的本意吗？尤其是考虑到人类和组织的因素时。

(3) 能力。你的安全和差错管理工具易于掌握吗？是否适合特定的目的？是否利于应用？

1．人类效用认知检查单

下面我们将列举 30 个关于单位状况的条件。为了避免偏见，我们明确了每个款项所涉及的方向。并且，其中有一半属于积极的方向，用(+)表示；另一半属于消极的方向，用(-)表示。每一项得 1 分，不知道的情况得 0 分。

为了方便，我们依据竞争顺序将下面的条款按照承诺、认知、能力分为 3 类。用这些条款检查的目的在于指明单位状况对系统适应性的作用，而不仅仅为了获得一个分数。

1) 承诺条款

(1) 如果发生问题，管理者会责备某人(-)。

(2) 人的效用比管理者预期的要好(+)。

(3) 管理者只对底线感兴趣(-)。

(4) 当出现与人的效用相关的问题时，管理者尽可能通过改善环境来激励他们(+)。

(5) 管理者相信程序总是对的并且非常适用(-)。

(6) 管理者对真正影响人的效用的因素感兴趣(+)。

(7) 管理者没有认识到反复引起人的效用问题的不良工作环境(-)。

(8) 管理者经常与生产一线的维修人员一起讨论工作环境和效用问题(+)。

(9) 管理层相信与训练相关的威胁是减少事故的最好方法(-)。

(10) 管理层希望可以采纳有助于提高安全性和可靠性的良好建议，即使建议来自于最底层的职员(+)。

2) 认知条款

(1) 我们的人为因素部门受过良好的培训并且与时代同步发展(+)。

(2) 管理者认为只有一线的维修人员才会造成重大的事故(-)。

(3) 相比系统的改进，管理者对快速调整更感兴趣(-)。

(4) 我们的一线监察员所受的培训达到一个很高水平，完全能够胜任(+)。

(5) 我们希望有问题发生，从而培训员工察觉并修缮(+)。

(6) 管理者认为改变人的效用比改善工作环境更加容易而且经济(-)。

(7) 管理层不理解防御和保护既可以产生问题也可以提供保护(-)。

(8) 我们的管理者和供货商非常了解工作环境因素与差错之间的密切关

系(+)。

(9) 每一次涉及到不安全因素的事件都接受了认真的检查，相关人员也都得到公平的处理(+)。

(10) 管理层不理解我们现有的程序是无法覆盖所有可能发生的事情(-)。

3) 能力条款

(1) 如果我们找到更安全或更可靠的工作方法，我们将获得信任，而信息也将广为传播(+)。

(2) 在开始一项新的工作或更换新的工作环境前，我们很少讨论人的效用问题(-)。

(3) 我们经常在车间里看见管理者(+)。

(4) 所有的人事部门都经过相关人为因素的培训(+)。

(5) 职员们因为害怕受处罚而不愿意上报事故和差错(-)。

(6) 如果有人不知道该怎么做时，其他人很愿意提供建议(+)。

(7) 职员总是被设法阻止而无法提高与效用相关的因素(-)。

(8) 发生重大事故时，管理层对找出事故发生的原因以及防御办法更感兴趣，而不仅仅满足于找出责任人进行批评(+)。

(9) 缺乏有效的事故、差错报告程序(-)。

(10) 同样的事故一而再、再而三地重现(-)。

有许多其他的因素其实也可以包含在清单中，尽量制定属于自己的清单。然而，对于单位是否对人为因素问题有所准备以及是否满足顾客的要求而言，这些已经足够。低于得分则表明单位在差错发生时会受到损害(最大的单位适应性是 30 分)。

2. 机构适应性评估检查单(CAIR)

CAIR 评价单位是否符合高适应性单位的特点(见表 4-4)以及态度范畴。通过是否满足承诺、认知和能力来阐释管理申请的 4 个程度：原则、方针、程序和实践。

问题如："你的单位有如下的能力吗？"的项目，每回答一项可以得到 1 分、0.5 分或 0 分。16～20 分是具有优秀的超凡能力。8 分表明对维修差错和单位危险有较好的固有适应性。5 分以下表示系统抵御能力较差。

总之，健康警告告诉我们：CAIR 评价得到高分并不足以使维修事故得到免疫力。即使是"最健康的单位"，仍然具备发生事故的可能。高可靠性需要的是良好的警惕性和持续的改进。自满是人类最大的敌人。人类易犯的错误和潜在的系统危害不会就此离去，所以并没有最终的胜者。但是，差错及其后果是可管理的。

填写下面的表格：

是=这就是我们机构中的状况(得 1 分)

不确定=不知道，也许部分是正确的(得 0.5 分)

否=我们机构中没有这种状况(得 0 分)

表 4-4　机构适应性评估检查单(CAIR)

	是	不确定	否
管理者十分关注可能危害操作的人为因素或单位原因			
管理者认为偶然的阻碍以及危险的意外是不可避免的。他们希望员工犯错误从而能够培训员工查找并解决问题			
高层管理者真诚地为了系统安全事业促进并提供令人满意的资源而努力奋斗			
与安全相关的问题以及人们的表现问题在规章的基础上就得到了高度的重视，而不仅仅是在发生问题之后			
在高层会议上深刻地回顾过去发生的事故并从中吸取教训，进行全局性改良而不仅仅是区域性的修整			
发生事故后，高层领导首要要发现系统漏洞并立即进行改进，而不是将责任推卸到某个人的身上			
高层管理者对安全采取的积极态度。这包括下面所列的全部或部分条目：制定经常发生的事故隔离及消除办法；努力消除工作环境或组织机构中产生事故的因素；定期进行组织进程的健康检查对防止事故发生是大有好处的			
高级管理者认识到导致事故的系统原因(如：缺少人力、仪器不充足、缺乏经验、培训质量不一、不良的人机接口等等)比机队的心理状态(如注意力不集中、忽视、健忘等)更容易管理和解决			
有效的安全管理。例如：任何管理程序都依赖于严格的相关信息收集、分析和发布			
管理者认识到建立反馈输出数据(如：事故、差错报告系统)与程序信息的必要性。后者涉及到更多的非定时审查以及定期从各种机构参数(例如：时间表、预算表、名单、程序、防范、培训等等)中取样，识别其中哪个是最应该受重视的，然后付诸行动			
来自各个部门、各个层次的代表参加了安全会议			
指派一项与安全有关的或人为因素有关的任务看作是一项快速跟踪的任务安排，应在工作进展中安排，而不应在结束时安排，并且对执行这种职责的人给予适当的职位和工资待遇			

	是	不确定	否
与差错相关的方针清楚地反映了单位对质量保障的立场,也反映了有关机密程序数据收集的态度;与事故和事件报告系统有关的各项方针政策明确了单位对下列情况的合理补偿的态度;数据采集部门的各项限制、保密以及与涉及惩罚诉讼的那些部门在组织上分开			
惩罚政策是依据一致认可(即:协商过的)可接受的和不可接受的行为之间的差别程度制定的。全体员工都认为少数的不安全行为是鲁莽造成的并应受到合理的制裁,但是绝大多数的类似行为不应该受到惩罚			
航线管理部门鼓励员工不仅获得实现安全效用所需要的技术技能,而且还要获得所需要的思维技能。思维技能包括预测可能的事故以及对修复进行合适的指导			
单位应该具备迅速、安全、有效的信息反馈渠道,从而通过已经发生或没有发生的事故学习经验教训。但重要的是总体的学习系统,而不是仅仅关注事故本身以及薄弱的环节			
单位有了解差错的能力和义务,能够表示歉意并消除受害者(或与之相关的人)的疑虑。从事故中得到的经验教训会帮助他们避免事故的再发生			
应当理解,商业目的与安全考虑是相互矛盾的,因而应当采取适当措施,以便以有效的和透明的方式认识并解决这类矛盾			
制定各种方针政策,鼓励每个人提出与安全有关的问题			
单位认识到有效的安全管理对员工具有很高的依赖和信任程度,尤其是在事故、差错的报告程序中			

第 5 章　航空维修差错控制

航空维修差错控制是为保持航空维修工作质量，满足航空兵部队对航空装备战斗与训练规定的使用要求，所采取的一切作业技术和安全管理活动，是适应航空兵部队信息化建设，保障装备安全，减少装备故障与事故，提升部队战斗力的重要举措。

5.1　安全系统控制方法

5.1.1　环境与时空干扰

环境与时空干扰在这里不是指具体的技术性危害，前者是作用于一个相对封闭的作业单元系统的外部因素，后者是指两个或两个以上作业单元作业所共同占用的时间和空间。

1. 环境的干扰

在现有体制下，部队装备工作大致分为管理和技术两类，每一类中都设有若干职能部门。这些部门下的具体作业单元就是整个装备系统的子系统。每个部门都有自身的专业倾向性，就是按照自身职责要求发展和强化本单元特点优势的思维倾向，称为分化特性。各子系统一般同时接受数个职能部门施加的分化特性影响，联合作业时也会接受到彼此分化特性的影响。其影响主流是向作业单元提供能源、物资、技术、管理、信息等基本资源，以及作业单元间的工艺衔接和协作。对相对封闭的作业单元来说，各种分化特性的影响都可归结为环境影响。由于环境因素影响是其他外部组织分散提供的，就免不了在时间和空间形成交叉或抵触，这些交叉或抵触就是干扰源。因此，环境在提供主流影响的同时，也不免裹挟进了环境的干扰。

一个作业单元的安全管理活动，不仅要面对着各种分化特性的影响与制约，还要化解环境直接输入的危险。导致环境危险的主要原因：一是其他外部组织强调分化特性，并向作业单元施加影响，以致忽视和排挤安全管理的作用；二是环境以无序和分散方式向作业单元施加影响，在时间和空间交叉或者抵触的情况时有发生，使得事故维度在时空嵌套的概率(即事故发生的可能性)增大；三是分化特性的变化，大量非常规的分化特性事件的发生、不确定性分化特性信息流的冲击等，都将导致作业单元的例外情况增多，使得作业单元越来越深地陷入异常调整之中，一旦危机失控或调整失当，就会导致事故的发生。

2．时空的干扰

环境干扰是一个相对封闭的作业单元系统所承受的外部因素的干扰，而时空干扰则是两个或两个以上作业单元占用共同的时间和空间进行作业时，单元之间杂乱无序的全方位干扰。时空干扰的危险，主要来自多个作业单元的作业能量、物质和信息在时间和空间形成的交叉或者抵触。它可以沿着地面平行方向发生，也可以沿着垂直方向发生，还可以在空间任意一个点的位置发生。实际工作中的交叉或抵触，按其发生位置可以归纳为平行交叉和抵触、垂直交叉和抵触、空间交叉和抵触 3 类。这些交叉或抵触都携带了事故的危险因子，具有两个基本特征：一是形成于多个系统因素的嵌套；二是来源于基本作业活动的裹挟。

3．研究环境和时空干扰的目的

一是为了把环境和时空的干扰作为安全管理的两个重要新目标，作业单元的安全管理者应当时刻给予关注，避免它们破坏作业单元的本质安全和正常作业秩序；二是为了揭露分化特性、平行交叉和抵触、垂直交叉和抵触以及空间交叉和抵触，是现有基本作业运行机制的 4 个安全控制盲点；三是为了提出为填补这些基本作业运行机制的漏洞，应当从组织结构入手，设计专门控制环境和时空干扰的运行机制。

5.1.2 安全系统控制方法

安全系统控制方法是因环境和时空干扰而设计，主要采用系统嵌套的组织结构，在作业过程中控制和排除环境和时空干扰，避免事故发生的方法，以解决环境和时空干扰导致的事故嵌套和运行机制漏洞问题，是控制环境和时空干扰的最有效办法。

系统化控制具有互动、封闭和匹配 3 个本质维度。互动的本质，是形成共同系统的控制功能。共同系统是系统化控制的核心控制系统，是为实现两个以上作业单元共同的功能要素和共同意愿而形成的一个整合系统。封闭的本质，是实现自我系统的控制功能。自我系统属于一个作业单元的控制系统，任何一个作业单元参与共同系统的目的都是为了实现或者完善自我系统本身的控制功能，它的实现有赖于共同系统的功能。匹配的本质，是提供自我系统与共同系统之间物质、能量和信息的双向交流通道及其交换律。匹配不仅涉及系统划分及其功能分配，而且涉及系统运行程序及其规则，还涉及牵制手段的运用。匹配的品质将决定自我系统和共同系统实现并运行控制的效能。系统化控制方法，主要有并列系统嵌套控制、纳入系统嵌套控制和联盟系统嵌套控制3种方式。

1. 并列系统嵌套控制

并列系统嵌套控制适用于多个作业单元在共有的空间进行交叉作业的控制。并列的含义，是指多个作业单元没有主次之分占用共同的空间。这种情况下，系统嵌套控制要求各个作业单元在同一作业区域内进行作业时，凡可能危及对方安全的，都应明确各自的安全职责和应当采取的安全措施；对于复杂作业过程，还应当制定交叉作业准备性文件，成立联合安全管理机构。交叉作业准备性文件应包含如下内容：

(1) 安全交叉作业规划、法律法规要求及安全交叉作业组织设计。

(2) 安全交叉作业的危险伞、子事故和危险源清单。

(3) 应对危险源的安全防护设施、劳动保护措施和控制措施。

(4) 安全交叉作业可以利用的资源清单。

(5) 安全交叉作业的方法。

(6) 安全交叉作业的管理牵制器等牵制手段。

(7) 安全交叉作业的检查和纠正。

(8) 检控表和记录表。

(9) 简单作业的"三规一表"。

(10) 安全交叉作业的事故应急预案。

此外，还应包含6方面的作业标准。

(1) 全过程的交叉作业安全运作标准、规则和程序。

(2) 交叉作业人员安全培训标准及培训要求。

(3) 个体从业资格标准及详细说明。

(4) 交叉作业机具的配备及其本质安全标准。

(5) 交叉作业涉及的材料及其安全标准。

(6) 安全交叉作业的环境标准及要求。

联合安全管理机构依据安全管理规定，推动和协调交叉作业，并对交叉作业进行检查和纠止。联合安全管理机构的任何活动都必须保持完整的记录和证据。

并列系统嵌套控制的本质特征，是各个交叉作业单元的嵌套，并通过其建立一个整合的安全管理机制(共同系统)，通过运行这个机制，弥补自身基本运行机制(自我系统)的安全管理漏洞。同时，各作业单元彼此通过联合安全管理机构输出和输入物质、能量和信息，以获得最佳的系统控制状态。

2. 纳入系统嵌套控制

纳入系统嵌套控制适用于一个作业单元进入另一个作业单元内部进行交叉作业。与并列系统嵌套控制相比较，其最大的区别是主体地位不同。在并列系统嵌套控制中，由于交叉作业的空间是共有的，所以主体的地位是并列的；在纳入系统嵌套控制中，交叉作业的空间属于"纳入方"所有，另一方是"进入方"，存在从属关系。纳入系统嵌套控制的规则如下。

(1)"纳入方"是交叉作业的主体。

(2)"纳入方"是安全作业的责任方。

(3)"纳入方"要承受交叉作业的最大风险。

(4)"纳入方"是管理的主体，"进入方"应服从其一切管理规定。

纳入系统嵌套控制与并列系统嵌套控制的另一个区别，是没有联合安全管理机构，代之为"纳入方"安全管理部门和专职监护人员，但仍旧要求交叉作业各方签订安全管理协议，各方就"纳入方"作业经营场所和本次交叉作业的危险性进行充分沟通和交底。

纳入系统嵌套控制由两个控制回路组成。第一是"进入方"控制回路。这个回路中，"进入方"受控于"纳入方"安全管理部门的指导和现场监护人员的监护，并按照各方联合制定的作业规程进行交叉作业；在作业中发现危险因素，及时提出分析判断意见和纠正措施建议，在"纳入方"安全管理部门的指导下，依据作业规程付诸实施。第二是"纳入方"控制回路。这个回路中，"纳入方"安全管理部门既要实施监护，又要进行定点、定时、定频次的检查，发现和纠正不符合作业规程的行为，并针对新的危险因素，及时召集"进入方"协商，补充作业规程和"三规一表"，增加安全设施和劳动保护措施等。"纳入方"安全管理部门的任何活动都必须保持完整的记录和证据。纳入系统嵌套控制的特征，是通过"纳入方"和"进入方"经营系统的嵌套，建立一个整合的安全管理机制。其中，"纳入方"侧重于指导、监护，并负责安全管理组织结构、交叉作业的程序规则和牵制手段；"进入方"侧重于参与制定、修订共同行为规范，遵守上述的安全管理组织结构、交叉作业的程序规则和牵制手段。

纳入系统嵌套控制在实际工作中具有广泛用途和卓有成效的控制效果。

3. 联盟系统嵌套控制

联盟系统嵌套控制的作用是把各个作业单元实现共同特定功能的努力进行优化组合，使多个作业单元在同一个时空中本来杂乱无序的交叉作业，变为互不干扰、互不抵触、秩序井然的活动。

联盟系统嵌套控制只有一个控制回路、一个控制主体和一个控制客休，似乎很像系统合并控制，但不同的是，它具有深刻的系统嵌套控制内涵，这些内涵的特点如下。

(1) 联盟系统嵌套控制的控制客体是多个作业单元的共同目标，即任何一个作业单元参与共同系统的目的，都是为了实现或完善本身自我系统的控制功能，而这一目的的实现又有赖于共同系统的功能，体现了系统嵌套维度封闭的控制功能门。

(2) 联盟系统嵌套控制是通过多个作业单元的意愿和努力的整合，对控制客体施加影响，即形成一个共同系统的控制功能，实现两个以上作业单元的共同功能要素与共同意愿的整合系统，体现了系统嵌套维度互动的控制功能。

(3) 联盟系统嵌套控制是作业经营单位借助外力达到自我约束的控制机制，即提供自我系统与共同系统两者之间的物质、能量和信息的双向通道及其交换规律，体现了系统嵌套维度匹配的控制功能。

5.2　安全行为嵌套控制方法

行为嵌套控制的目的，是通过对行为的嵌套控制来消除个体和群体的行为失误。行为嵌套控制是基本嵌套控制的衍生，属于管理控制和行为控制的重要内容之一。它通过 3 种行为的整合，实现系统最优化的行为功能，构筑行为嵌套控制的基本结构。

5.2.1　三种控制行为

任何安全管理系统，均包含管理者控制行为、个体控制行为和规范控制行为。

1. 管理者控制行为

管理者控制行为一般是指以管理层的名义做出的控制行为。其主要内容是策划、组织、领导和决策活动。这种活动或许是由于违反行为规范而发起的，或许是属于管理者对行为规范的理解而发起的，或许是属于超出现行行为规范的范围而发起的。管理者控制行为应是合理合法的行政权力或技术职能权力的运用，应具有全面、高效、持续、精确、可预期、专业化和纪律严明的特点，其载体包括官僚组织结构要素和官僚组织行为程序要素等。

在官僚组织结构要素中，应按照命令下传的"层级制"(等级制)原则设定职位，明确规定层级幅度、层级之间的协调关系，按照专门化、专业化的原则分配权限和任务，做到等级森严、职责分明、组织关系严格，即为完成组织目标而进行的专业和权威的工作分工，部门及其干部有明确划定的权限，包括特定义务、权力及强制手段的使用等，且有正式条文说明。干部选任以专业技术资格为标准，官员可在不同专业化分工和层级进行职业升迁。

在官僚组织行为程序要素中，官员以组织成员身份服从组织的行为规范。人们服从的并非是支配者个人，而是服从一个非人格化、组织化的无私行为。这种行为的依据是技术性或法律性的行为规范，通过其控制每个干部的职务行为，表现形式是程序化、标准化的文件，以及得到法律授权的行政命令干部的职务行为一旦违背行为规范，将受到纪律制裁。

2．个体控制行为

个体控制行为的主要内容，是维修人员对危险源的控制活动，包括系统中的管理者、工作人员等所有以个体身份做出的控制行动。这种活动或许是由于违反行为规范而发动的，或许是属于个体对行为规范的理解而发动的，或许是属于超出现行行为规范的范围而发动的。个体控制行为的结构由状态、目的和控制3个要素组成。

(1) 状态是被控体所处的某种情势。任何一种状态的存在、运动和演变趋势都受其密码所支配。个体运用视觉、听觉、触觉、味觉和嗅觉5种感觉来体验被控体的状态。个体感官在感觉到被控体的状态的同时，势必激起大脑过去习惯的行为规范、积累的专业知识和操作经验的反应，唤起内在的感受，从而得以迅速破译支配状态的存在、运动和演变趋势的密码，并迫切对此时所面对的状态作出决定。

(2) 目的是应对状态的存在、运动和演变趋势而选择的控制目标和预期结果等信息，包括控制标准和为达到控制标准而选择的控制路线及操作方法。控制目的包括已确定的控制目的和待确定的控制目的两种。已确定的控制目的，是指预先策划好并经过最高管理者的批准而发布的控制目的，但一般只适用于可以预料的常规状态。待确定的控制目的，是指根据具体的非常规状态而选定的具体目的参数和具体控制技术路线及操作方法。它是基于进一步针对状态的观察、分辨、梳理、认识和判断得出的结果所做出的关于控制导向的决定。

(3) 控制是为实现目的而采取的行动，是运用选定的控制技术路线及操作方法等信息，去指导实现选定的控制目的的活动。在控制行为的全过程中，既需要感知，也需要意识。在感知方面，个体面对控制客体的状态，在感性与理性之间徘徊；在意识方面，个体面对行为目标，在正确与错误之间抉择。控制行为既摆脱不了感知，也逃离不了意识，在控制行为中有太多的行为变量影响着控制行为的成败和效果。

3．规范控制行为

规范控制行为包含3方面内容：一是按照安全规程、操作规程、工艺规程、检控表所进行的对危险源的规范性控制活动，是个体把行为规范内化为心理尺度的自觉自愿的控制行为；二是行为规范反映了特定情境下控制客体(危险源)的发展、演变的规律，也提供了稳定、安全的用于对危险源进行控制的行为方式和方法；三是行为规范的升级，是围绕行为规范的制定、修订、发布和培训等系列维护、升级的行为，属于组织的相关级别人员的共同行为。通常是先通过各个级别的协作，产生新的行为规范，再送经组织最高主管审批、签署后发布。

规范控制行为是一种公认的组织力量。它是在安全控制活动中由衷地执行行为规范、自觉地思考对行为规范进行升级，以及在推行个体内在心理体系的整合中促使个体作出更多的规范行动这三者产生的合力。

规范控制行为是人性化的行为规范。字面上的行为规范仅是安全规律的表征和控制行动的提示，它距离实际应用还隔着对控制状态的感知和对控制目的的意识两段路程，远不如规范控制行为生动、娴熟、全面和恰如其分。对于同一字面的行为规范，同处一个工作岗位的不同个体会有不同的认知，不同岗位的个休(例如管理者和操作者)更会有不同的解读。而规范控制行为是经过沟通、切磋和默契后升华的产物，是相关人员的共同感知和认识，它只会产生于管理者控制行为和个体控制行为的共同行为过程中，并且永远是他们共同追求的最高行为境界。规范控制行为由规范性控制行动、行为规范和行为规范升级三要素构成。

在规范性控制行动中，个体自觉履行行为规范的要求，并不认为强制性约束的履行是一种强迫，也感觉不到是一种压力，只觉得是理所当然的事情。即使在没有任何监督的情况下，也改变不了这种习惯成自然的行为。这种自觉自愿履行行为规范的行为，称为规范性控制行动。规范性控制行动是个体内在心理体系整合的结果。

行为规范是法律法规、标准、作业指导书、操作规程继承下来，并受控的原则、模式、品质、典型、方案和方法等用以对危险源实施控制的行为依据。行为规范是安全作业控制规律的一种特定形式的表征，它提供了特定情境下的控制客体的发展、演变规律，也提供了稳定、安全的控制行为方式和方法，使潜伏危险的作业获得安全的作业秩序和工艺路线，是具有法律效力的组织规章、工艺和工作程序、技术标准和操作规程。行为规范是管理者控制行为、规范控制行为和个体控制行为的共同行动依据。

行为规范升级，是指当安全作业技术有了实质性提高时，就应立即组织修订安全作业标准，最大限度保证行为规范的先进性、权威性和可靠性。行为规范必须由组织中的各个级别人员共同制定并定期升级。安全规程、操作规程、工艺规程和检查表必须定期通过辨识、评价获得更新。行为规范定期升级的做法，是行为嵌套控制的重要手段。

在现实社会中，管理者控制行为、规范控制行为和个体控制行为是客观存在的事实，但有时也经常处于混乱状态之中。虽然这 3 种行为的目标都是为了控制危险源，但它们有各自的感知和意识，有各自的行为、结构和过程，有各自的作业路径和活动空间，基本上处于相互封闭缺乏互动的状态，交流少，沟通难，信息不畅通；其中每一种行为都能单独作出影响整个系统的控制活动。这就是滋生个体和群体行为失误的主要根源。

5.2.2 三种控制行为的整合

整合是为了实现组织最优化的行为功能，以确保系统总是输出规范性控制活动。一个系统内的管理者控制行为、规范控制行为和个体控制行为，每一种都能单独决定控制活动。管理者和个体控制行为各自为政的控制活动及其所带有的分化特性，是滋生个体和群体行为失误的根源。嵌套制的一体化功能，就是为了把 3 种行为拉到同一个运行轨道上来，具有互动且相对封闭的组织结构。其本质，是通过将 3 种行为嵌套在一起投入运行，使其失去单独决定规范控制活动机会，力求获取一致的规范控制活动机会。相对封闭是展现各种行为职责的舞台，互动是 3 种行为沟通的桥梁。3 种行为的整合，分别有程序、规则及牵制途径、协控途径和调控途径。

1. 程序、规则及牵制途径

程序、规则及牵制途径就是让管理者控制行为、规范控制行为和个体控制行为在嵌套制的程序、规则和牵制的运行中得到整合，并输出规范性控制活动。

2. 协控途径

协控途径是指将嵌套制设置的上、中、下 3 个闭环控制回路嵌套在一起，以共同行为规范为准绳，协同诊断及合力操控共同的危险源的控制方式。通过这一方式，管理者控制行为、规范控制行为和个体控制行为得到整合并输出规范性控制活动。

3. 调控途径

调控途径是指在嵌套制的运行中，各个岗位的人员共同对安全规程、操作规程、工艺规程和检控表等控制依据进行制定、修订和升级活动，属于调整性控制。通过它，亦能使 3 种控制行为得到整合并输出规范性控制活动。

规范性控制活动是通过管理者控制行为、规范控制行为和个体控制行为的整合而形成的控制活动，是庞大的安全行为组织化过程的最终成果。3 种行为的结构和整合途径，为其整合提供了充分和必要的条件。

5.2.3 嵌套控制组织

为了开展行为嵌套控制活动，需要设置嵌套运行组织和嵌套管理组织两个控制组织。嵌套运行组织是一个协作性的安全作业控制单元；嵌套管理组织是一个协作性的沟通决策小组。嵌套管理组织与嵌套运行组织的任职人员同属一班人马，两者的组织结构都具备直线制和扁平制的复合结构及其双重功能。如安全工程师、安全技术员和作业单元岗位人员之间自上至下的领导关系，体现了直线组织结构及其功能；三者采用相同的行为规范，围绕相同的一组危险源开展的闭环控制活动，体现了扁平组织结构及其功能。

安全工程师、安全技术员和作业单元岗位人员共同组成沟通决策小组，研究、制定和修订行为规范，对规范进行升级，体现了扁平组织结构及其功能；安全工程师领导沟通决策小组，为制定、修订和升级行为规范起草原始方案，经过高层主管批准，发布新的共同行为规范的过程，体现了直线组织结构及其功能。

嵌套运行组织和嵌套管理组织两者都体现出的复合结构及其双重功能，简称为彼此互动且相对封闭的结构。所谓"彼此互动"，就是安全工程师、安全技术员和作业单元岗位人员，在共同组成沟通决策小组，研究、制定和修订行为规范，对规范进行升级的同时，采用相同的行为规范，围绕相同一组危险源开展实质性闭环控制活动。所谓"相对封闭"，就是三者在对共同的一组危险源的控制中，都分别按照各自回路和频次进行控制；安全工程师和安全技术员除对危险源进行控制之外，还对下级人员的"控制表现"进行监管性的控制；安全工程师对沟通决策小组行使主管和主持性的控制。

彼此互动且相对封闭的结构，是3种控制行为整合的载体，是官僚组织与扁平组织两者互取所长、互补所短的论坛，也是官僚组织与扁平组织实施整合，以调动一切管理资源，实现实质性管理的尝试。官僚组织与扁平组织实施整合的尝试，造就了一个全方位的行为、结构和过程安全管理组织模式。这一模式在组织行为上突出体现3种行为的整合，在组织结构上突出体现工作设计与组织设计，在组织过程上突出体现沟通和决策。

安全作业管理的组织结构与管理效能的关系，是当今安全管理学研究和实际工作者非常关心的课题，是一个涉及安全工程学、管理学、组织学等广泛学科交叉的边缘课题。为促进这一课题研究，也为了在研究和实际工作中对组织结构描述的需要，探讨安全作业管理组织结构的维度是十分必要的。为此，根据建立嵌套控制组织结构的一些经验和认识，我们总结出嵌套控制组织结构有危险源具体化、授权和牵制、沟通和决策3个维度。

1. 危险源具体化

危险源具体化是指危险源的数量、性质、状态、控制目的和方法的具体化，是工作设计和组织设计的根本依据。因此，对危险源的性质、状态的廓清化，对危险源的控制目的的规范化，对危险源的控制方法的标准化，是组织结构的基本需要。

2．授权和牵制

授权是指对控制权力的分配。它依据垂直的控制层次进行，以形成对系统的级别控制和梯级控制，按照层次级别和梯级进行权力的分配。

牵制就是检查权力的使用是否得当，是保证程序和规则得到执行的强制约束手段。有授权就有权力，有层次就会有各个层次应遵循的程序和规则。牵制的手段是依据层次和授权而制定的，其作用又是保证层次和授权的有效性。

在授权和牵制这个维度中，授权即依据垂直的控制层次分配权力是第一需要，是核心；牵制是权力和层次的保障。授予各层次的权力主要表现为垂直决策的权力；授予同一个层次的决策权力，应在程序和规则之中得到充分的体现。

3．沟通和决策

沟通包括同层次的人之间水平方向的沟通和各层次的人之间垂直方向的沟通。这里讲的沟通内容都是围绕着危险源具体化展开的。决策包括垂直决策和同一个层次的水平决策。决策的依据是沟通，决策的内容也是围绕着危险源具体化。因此，有效的沟通和有效的决策，都是建立在对危险源具体化的实质性认识之上的。

嵌套控制组织结构的成功之处在于：嵌套运行组织的设置提供了各个层次的人对共同一组危险源进行实质性控制的机会，保证他们能够对这一组危险源的具体化有实质性的认识和趋向一致的理解。同时，嵌套管理组织的设置也提供了各个层次的人对共同控制的一个作业单元行为规范进行制定、修订和升级的机会，可以保证他们能够针对共同的一组危险源的具体化进行充分沟通，有助于产生高效能的控制。

5.3　事件链控制方法

飞行事故预防工作可归结为软件和硬件两类：软件主要指建立飞行安全管理机构，制定飞行安全规章制度，对飞行人员、飞行指挥员、维修人员等进行培训和教育等；硬件则是指对飞机及飞行人员防护装备进行改进，提高其安全性。如此软硬兼施，就可大大减少飞行事故事件链中的各个环节，使事件链难以形成，达到预防飞行事故的目的。

5.3.1　事件链及其维度

控制组织因其具有层级控制的功能而被称为事件链控制，这个控制弥补了

"命令下传式"的管理层次中跨度的结构缺陷,建立了特定的运行过程和有效沟通渠道,方便获得各管理层次和跨度的群体及个体行为规范信息,可以透彻理解、秘密归纳、准确判断和灵活运用这些行为规范信息作为决策依据,进而避免管理决策失识。事件链控制是具有行政、技术职能分级,多个层次的人员共同对同一个被控对象进行互动且相对封闭的运行控制,事件链的控制包含有6个维度,即控制层级、控制客体、控制依据、规范升级、批准规范和层级互动的控制(图 5-1)。

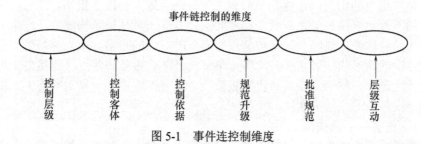

事件链控制的维度

控制层级　控制客体　控制依据　规范升级　批准规范　层级互动

图 5-1　事件连控制维度

事件链中最重要的因素是安全管理,安全管理者应该懂得管理的基本理论和原则。控制是管理(计划、组织、指导、协调及控制)的一种机能。安全管理中的控制是指损失控制,包括对人的不安全行为、物的不安全状态的控制,是安全管理工作的核心。管理者必须认识到,只要没有实现高度安全化,就有发生事故及伤害的可能性,因而他们的安全活动中必须包含有针对事件链中所有要因的控制对策。

在安全管理中,领导者的安全力方针、政策及决策占有十分重要的位置,主要包括:人员的配备,资料的利用,责任及职权范围的划分,维修人员的选择、训练、安排、指导及监督,信息传递,设备、器材及装置的采购、维修及设计,正常时及异常时的操作规程,设备的维修保养等。管理系统是随着作业的发展而不断变化、完善的,十全十美的管理系统并不存在。正是由于管理上的缺欠,才使得能够导致事故的基本原因出现。

5.3.2　事故原因分析

事故的基本原因包括个人原因及与工作有关的原因。个人原因包括知识或技能不足,动机不正确,身体或精神上的问题。工作方面原因包括操作规程不合适,设备、材料不合格,通常的磨损及异常的使用方法,以及温度、压力、湿度、粉尘、有毒有害气体、蒸汽、通风、噪声、照明、周围的状况等环境因素。只有找出基本原因才能有效地控制事故的发生。

1.直接原因——征兆

不安全行为或不安全状态是事故的直接原因,但直接原因不过是深层原因的征兆,是一种表面现象。实际工作中,如果只抓住作为表面现象的直接原因而不追究其深层次原因,就永远不能从根本上杜绝事故的发生。同时,安全管理人员应能预测及发现这些作为管理欠缺征兆的直接原因,采取恰当的改善措施,并在可能情况下采取长期的控制对策。

2.事故——接触

从实用目的出发,往往把事故定义为最终导致人员肉体损伤、死亡,财物损失的不希望事件。但是,越来越多的安全专业人员从能量的观点,把事故看做是人的身体或构筑物、设备与超过其阈值的能量的接触,或人体与妨碍正常生理活动的物质的接触。于是,防止事故就是防止接触。为了防止接触,可以通过改进装置、材料及设施防止能量释放,通过训练提高识别危险能力,以及佩戴个人保护用品等来实现。

3.伤害——损失

博德模型中的伤害,包括工伤、职业病以及对人员精神、神经或全身性不利影响。人员伤害及财物损坏统称为损失。许多情况下,可以采取恰当措施使事故造成的损失最大限度地减少,例如对受伤人员的迅速抢救,对设备进行抢修以及平日对人员进行应急训练等。

5.3.3 事件链控制方法

事件链控制有着广泛的应用领域。部队训练中,应针对不同对象研究确定相应的事件链,按照事件链控制的6个维度,明确对应控制内容、控制关系和控制链路。

1.对危险源的事件链控制

控制层级:主办(危险源所在作业单元的岗位操作人员)、主管(大队一级安全作业职能部门的监管人员)、主监(团一级安全作业职能部门的监管人员)。

控制客体:危险源。

控制依据:危险伞、安全规程、操作规程、工艺规程和检控表。

规范升级:主办、主管和主监人员共同对危险伞、安全规程、操作规程、工艺规程和检控表等进行制定、修订和升级工作。

批准规范:危险伞、安全规程、操作规程、工艺规程和检控表等由团以上领导批准,并正式发布。

控制方法:层级互动且封闭方式的控制。

2.对装备附件周期检定的事件链控制

控制层级:主办(使用部门负责送检的人员)、主管(大队一级职能部门的主管人员)、主监(团一级安全作业职能部门的监管人员)。

控制客体：装备安全附件。

控制依据：装备安全附件检定周期表。

规范升级：由主办、主管和主监人员共同确认装备附件检定周期表。

批准规范：装备安全附件检定周期表由团以上领导批准执行。

控制方法：层级互动且封闭方式的控制。

3．对灭火器材的事件链控制

控制层级：主办(使用部门的专管人员)、主管(大队一级职能部门的主管人员)、主监(团一级安全作业职能部门的监管人员)。

控制客体：灭火器材。

控制依据：灭火器材有效期检查周期表。

规范升级：由主办、主管和主监人员共同确认灭火器材有效期检查周期表。

批准规范：灭火器材有效期检查周期表由团以上领导批准执行。

控制方法：层级互动且封闭方式的控制。

4．对压力容器周期检定的事件链控制

控制层级：主办(使用部门的负责送检的人员)、主管(大队一级职能部门的主管人员)、主监(团一级安全作业职能部门的监管人员)。

控制客体：压力容器。

控制依据：压力容器检定周期表。

规范升级：由主办、主管和主监人员共同确认压力容器检定周期表。

批准规范：压力容器检定周期表由团以上领导批准执行。

控制方法：层级互动且封闭方式的控制。

5．对安全人员岗位培训的事件链控制

控制层级：主办(被培训人员的业务承办人)、主管(大队一级政工干部)、主监(团以上干部部门)。

控制客体：危险伞、安全规程、操作规程、工艺规程和检控表。

控制依据：岗位人员培训标准。

规范升级：由主办、主管和主监人员共同确认岗位人员培训标准。

批准规范：岗位人员培训标准由团以上领导批准执行。

控制方法：层级互动且封闭方式的控制。

5.4　基本危险控制路径

嵌套安全管理体系的本质，是辨识存在的危险，跟进组织行动、管理方案和技术手段，控制其潜在危险，避免事故的发生。航空兵部队的危险控制可通过分别采用开环控制、二环嵌套控制、三环嵌套控制和开闭环嵌套控制 4 种手段或路径来实现。

5.4.1 开环控制系统

开环控制(图 5-2)通过各层级安全目标的设置和安全技术方案的实施,使用安全工程技术和管理手段,持续提高航空兵部队装备本质安全化和管理本质安全化水平,以不断降低飞行的危险系数。开环控制是运用前馈控制原理而实现的一种超前、主动的控制方式。装备本质安全化建设分两部分进行,一是为提高具有安全属性的装备、设备和装置的固有安全性而进行的装备本质安全化建设;二是为消除导致具有安全属性的装备、设备和装置失效而进行的管理本质安全化建设。

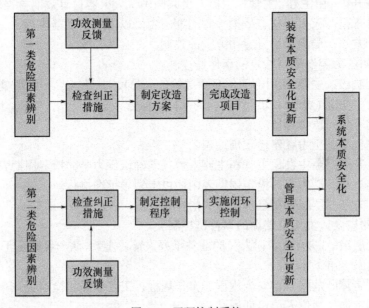

图 5-2 开环控制系统

装备本质安全化要求对第一类危险因素(具有安全属性的装备、设备和装置)进行危险辨识和评价,就是以当今技术水平来衡量过去设计的第一类危险因素本质安全化水平,揭露因技术落后和装备陈旧而生成新的控制盲点,采用新技术制定改造方案,完成改造项目的建设,以获得装备本质安全化更新。

管理本质安全化要求对第二类危险因素(导致具有安全属性的装备、设备和装置失效或失控的因素)进行危险辨识和评价,就是以当今技术水平来衡量过去制定的安个规程、操作规程、工艺规程、检控表的本质安全化水平,揭露因管

114

理技术落后或情境变化而生成新盲点(即个体和群体的行为失误)，机具、材料和作业现场的结构缺陷，环境和时空干扰以及管理决策失误的新变量等，补充制定控制程序，实施闭环危险控制，以获得管理本质安全化更新。

5.4.2　二环嵌套控制

二环嵌套控制(图 5-3)通过实施作战训练与装备维修保障中运行控制等要素，对潜伏危险中涉及各层级共管的作业进行二维优化控制，以避免事故的发生。二环嵌套控制原理，就是依据事先制定的作业规程，按照逻辑关系进行管理控制、行为控制或复杂作业控制，通过两个闭环的嵌套来实现这种控制。第一个闭环作用是按照事先对复杂作业策划好的程序进行检控，检控结果显示复杂作业逻辑关系点不能满足预期量时就要实施纠偏，驱使它回到预期的逻辑关系轨道。第二个闭环作用，是对实施复杂作业逻辑关系点前提下的简单作业危险源进行检控，检测结果显示简单作业不能满足复杂作业逻辑关系点时就要纠偏，驱使其满足复杂作业逻辑关系点的要求。

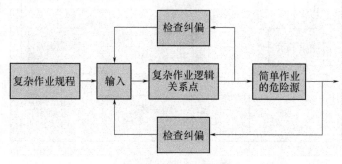

图 5-3　二环嵌套控制

5.4.3　三环嵌套控制

三环嵌套控制(图 5-4)通过作战训练与装备维修保障中运行控制等要素的实施，使用安全监控系统和管理技术手段，对危险实施动态跟踪监控，以防止事故的发生。三环嵌套控制原理，是依据三规一表(安全规程、操作规程、工艺规程、检控表)对现在进行时状态的第一、第二类危险因素进行控制。它依据标准化操作和正负反馈控制的原理，通过 3 个闭环的嵌套来实现这种控制。

1．第一闭环

图 5-4 虚线框内为层级嵌套控制区，内有一个闭环危险控制同路，由输入、危险源、输出、发现偏差、分析判断、纠正措施 6 个步骤和 4 个依据组成。在这个闭环危险控制回路上，运行着层级嵌套控制的 3 个控制活动，即岗位检控

(对危险源的检控)、大队级检控(对危险源的检控和对岗位工作情况的检查)、团级检控(对危险源的检控和对下两级工作情况的检查)。岗位检控属于直接控制，由一线工作人员完成；大队级检控属于 10%抽样检控，内容包括检控危险源运行状态和一线的操作行为；团级检控属于 5%抽样检控，内容包括检控危险源运行状态、一线的操作行为和大队级的检控行为。

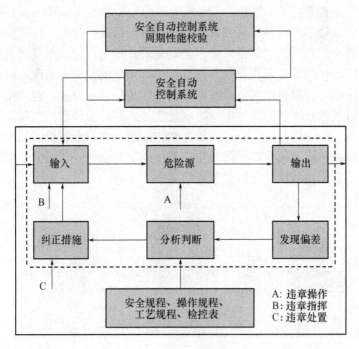

图 5-4   三环嵌套控制

2．第二闭环

由输入、危险源、输出、安全自动控制系统 4 个步骤组成。安全自动控制系统是指卸压、溢流、制动、隔离、闭锁、电压限定、电流限定、容量限位、锁定及联锁、防触电、防泄漏、冗余等具有自动检测、负反馈、自动保护等功能的安全保护装置或元器件。

3．第三闭环

由安全自动控制系统周期性能校验和安全自动控制系统组成。对安全自动控制系统周期性能的校验，实施主管、主办、主监层级嵌套控制，3 个职能部门执行同一个版本的安全自动控制系统检定周期表。

三环嵌套控制贯穿着对标准化操作和正负反馈控制原理的运用。标准化操作主要体现在安全规程、操作规程、工艺规程、检控表的可靠性方面，能通过

116

适时升级，使其保持先进性和有效性；负反馈体现在安全规程、操作规程、工艺规程、检控表的权威性方面，并严格依据它们做出判断；正反馈体现在安全自动控制系统检定周期表的法定性方面。必须在规定日期前完成安全自动控制系统的检定。三环嵌套控制严禁开环输入行为，在 A 处开环输入属于违章操作，在 B 处开环输入属于违章指挥，在 C 处开环输入属于违章处置。这些行为都可能是导致事故的主要原因。

5.4.4　开闭环嵌套控制

开闭环嵌套控制(图 5-5)是通过应急作战准备和响应等要素的实施，以闭环的形式反复学习、推演应急预案，以开环的形式不断改进预案，使应急预案持续保持最佳响应能力，以备消除突发事故。开闭环嵌套控制的作用，是对将来时状态的第一类危险因素的意外释放进行控制，运用主动控制和被动控制的原理，通过开闭环嵌套来实现这种控制。

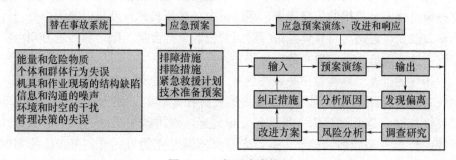

图 5-5　开闭环嵌套控制

1．潜在事故系统

潜在事故系统由能量和危险物质、个体和群体行为失误、机具和作业现场的结构缺陷、信息和沟通的噪声、环境和时空的干扰以及管理决策的失误 6 个因素构成。能量和危险物质属于事故的内在因素，其危害性释放是造成人员伤害和物质损失的直接原因；其余属于事故的外在因素，是导致对能量和危险物质失控的直接原因。

2．应急预案

应急预案是针对潜在事故系统制定的，由排障措施、排险措施、紧急救援计划和技术准备预案组成。排故措施、排险措施、紧急救援计划包括对可预见未来发生的事故模型所采取的具体应对措施和预先配备的抢险器材、工具等，技术准备预案是潜在事故系统所涉及的全面的安全技术知识。前者侧重于可预见的事故模型，后者能够提供实施中的变数，以便能随机应变地应对预见之外的事故情况，两者缺一不可。潜在事故系统是动态系统，随着作业环境的改变而发生变化。应急预案会随着时间推移和技术进步而变得相对落后。因此，应急预案应是动态的，要适时进行改进，随时保持最佳响应状态。

3．应急预案演练、改进和响应

所谓最佳响应状态，就是实际响应状态更接近未来的事故模型。要通过应急准备和响应程序经常不断地运行来实现，其中包括闭环运行和开环运行及其两者的嵌套效应。

闭环运行由输入、预案演练、输出、发现偏离、分析原因、纠正措施 6 个环节组成。每年要组织人员对应急预案进行实际演练，借此熟练和掌握预案，并在演练过程中发现原有预案的错误和缺陷，据此写出演练分析报告，提出纠正措施，完成应急预案的改进。

开环运行由调查研究、风险分析、改进方案、纠正措施 4 个环节组成。建立与国内外安全机构的信息通道，运用国内外最新技术，及时借鉴国内外同行的事故教训，进而对自身体系进行对照研究和风险分析，制定和改进方案，实施安全技术改造项目，以完善应急预案。

闭环运行和开环运行不是截然分开，而是嵌套进行，由此产生嵌套效应，完成对环境资源的充分利用，最有效地发挥控制功能。闭环控制也称为被动或反馈控制，是通过演练来暴露和发现问题，跟进改进措施的控制方式；开环控制也称主动或前馈控制，是预先分析问题存在的可能性，在应急预案中寻找问题，在外部环境中寻找相关改进信息，最大限度地消除"时滞"对响应状态的影响，使预案的实际响应状态更接近未来的事故模型，是超前、主动的控制方式。最大控制功能的发挥，靠的是被动控制(反馈控制)与主动控制(前馈控制)相结合。既有定期演练又有超前研究，才能使应急预案持续保持最佳响应状态。

嵌套安全管理体系结构简单、逻辑关系严谨，具有良好的可操作性，所具有的"三化"功能和最优功能是管理科学所期望的最佳标准，也是精深的系统化管理艺术。

5.5　维修安全性控制

维修安全性是指防止维修时损伤人员、装备的一种设计特性，是装备的固有属性，形成于装备的寿命周期过程。航空维修安全管理工作，也必须从源头入手，将维修安全管理渗透到航空维修安全性的形成过程中，做好航空维修安全性的"优生"工作。系统安全性大纲规定了军用装备系统安全性的一般要求和管理与控制、设计与分析、试验与评价等方面的工作项目，规定了一系列系统分析方法和内容，是进行系统安全管理的基本依据。

5.5.1 安全性大纲

系统安全性管理是系统管理的一部分，其任务是计划、执行和完成规定的工作项目与活动，在保证与整个工程要求相一致的前提下满足系统安全性要求。安全性大纲是承制方应制定与实施的一个包括系统安全性管理和系统安全性工程工作的文件。其目的是在系统寿命周期内，用及时、经济、有效的办法满足系统安全性要求，提高使用效能。

1. 安全性大纲目标与要求

安全性大纲目标与要求是确定安全性管理的归属部门、专业人员及其资格与职责。安全性大纲应保证：

(1) 及时、经济地进行符合合同或任务要求的安全性设计。

(2) 在系统寿命周期内识别、评价和消除系统中的危险或将其风险减少到订购方能够接受的水平，相关措施应记录成文。

(3) 充分利用以往积累的安全性资料，包括其他国内外类似系统的经验与教训。

(4) 在采用新的设计方法、材料、生产工艺和试验技术时，力求风险最小。

(5) 在系统论证、研制和订购中及早充分地考虑安全性，尽量减少在使用中发现安全有问题而修改设计。

(6) 在设计、技术状态或任务要求更改时，应审核其安全性，使更改后的风险保持在订购方可接受的水平。

(7) 设计时要考虑与系统有关的危险器材安全性及寿命周期终了时的处理方法(特别如核燃料、爆炸品)。

2. 不同阶段的安全性工作

1) 方案设计阶段

根据系统所要完成的任务，初步确定在整个任务剖面中存在的风险；根据研制周期及经费支持状态，制定可接受的安全性指标、风险准则和解决风险的可行性方案。

2) 方案论证阶段

根据细化的系统任务列出危险事项，确定危险可能性和严重性等级，对方案进行安全性评价。当安全性指标不能满足要求时，要更改设计方案，直到满足要求。否则，就要确定新的方案。

3) 系统设计阶段

根据方案论证过程中确定的风险，进行降低风险的技术设计。这些设计要按照安全措施的优先次序进行。

3. 安全性评价

安全性评价是对所研制系统或工程在使用时存在的危险可能性和后果进行综合评定。这种评定可以是定性的，也可以是定量的，并要根据其评定结果采取相应的有效措施，从而为系统或工程的使用决策制定依据。不同研制阶段的安全性评价目的是有所区别的。

(1) 方案设计阶段安全性评价的目的是确定为达到系统任务要求带来的风险可否接受。

(2) 方案论证阶段安全性评价的目的，是在满足任务需求以及周期、经费约束的前提下，确定风险最小的技术方案和途径。

(3) 系统设计阶段安全性评价的目的，是确定所发现的各种危险是否满足最低风险要求，并确定新的危险事项。

(4) 在系统转入试验或使用前，要对以前确定的危险进行全面评价，以便考核这些危险是否完全消除。如没有完全消除，则要评价所指定的降低风险是否满足任务需要。

4. 安全性信息系统

安全性信息系统是质量信息系统的一个子系统。安全性信息包括系统论证、研制、生产、使用和退役等各阶段有关的安全性数据、资料以及文件等。建立安全性信息系统的基本要求如下：

(1) 建立安全性信息闭环系统，并制定必要的信息管理要求和程序。

(2) 记录重要的安全性信息，作为历史资料或修改有关设计手册和规范的参考资料。

(3) 向承制方提供合同或任务书要求的有关安全性信息。

(4) 承制方向订购方提供按合同或任务书规定的进度、格式、内容的安全性大纲等各工作项目的资料。

5.5.2 系统安全性控制

到目前为止，我军装备维修工作系统的安全性控制工作的系统性普遍比较缺乏。表现在产品设计时，各专业人员只是根据自己的经验和理解，分散地考虑安全性，没有集中地、系统地、有计划地开展系统安全性设计。

1．系统安全性控制的特点

与一般技术控制或行政机关控制不同，系统安全性控制的主要特点如下。

(1) 它是技术性很强的控制，主管人员应掌握系统安全性工程知识，有研制系统的工程经验并具有控制的能力。

(2) 它贯穿于系统研制的全过程，从接受合同或任务书、方案论证开始就应介入，直至系统交付使用，甚至到系统退出使用处理为止。

(3) 它涉及的工程学科面很广，与可靠性与维修性工程、质量工程、系统设计诸专业工程都有密切联系，需要不断协调。

2．系统安全性控制的项目

1) 工作项目 1：制定系统安全性工作计划

承制方应根据安全性大纲制定安全性工作计划，以实现大纲的全部任务。包括实施安全性大纲的指导思想，安全性工作项目(内容、要求、完成形式及检查方法等)，安全性工作组织、人员及其资格与职责，安全性工作进度表，安全性大纲评审点，安全性工作计划与可靠性、维修性工作计划等的协调，安全性信息控制及使用要求(提交的资料格式、内存与交付日期等)，安全性培训，安全性工作与其他保障领域之间的接口如质量控制、医疗保障等。

2) 工作项目 2：承制方对转承制方的安全性综合控制

转承制方包括供应方及建筑公司。安全性综合控制主要工作是监督、控制转承制方制定的安全性大纲及工作计划，确定双方交换安全性信息的方法，评审转承制方安全性工作。

3) 工作项目 3：安全性大纲评审

评审计划包括评审类型、评审点的设置及评审要求。评审内容一般包括安全性工作计划，系统、分系统危险分析，危险材料明细表，与安全性有关的任务进展情况，重大设计更改后的有关安全性内容，软件(如果产品有软件)危险分析。

4) 工作项目 4：对系统安全性工作组的保障

如果订购方建立产品安全工作组，则承制方应作为成员参加工作，并为产品安全工作组提供资料。提供资料包括安全性大纲、实施情况、设计和使用风险评价、危险分析及事故和危险故障的分析结果、预防建议与措施。

5) 工作项目 5：建立危险报告、分析和纠正措施跟踪系统

工作内容包括建立闭环系统，确定危险跟踪的程序，填写危险日志，确定要记录的最低危险程度和必须消除的危险或风险的程度。

6) 工作项目 6：试验的安全性控制

工作内容包括研究产品试验中的安全性，在试验以前提供危险分析、风险评

价及试验大纲进度中安全性的关键点报告，制定试验的安全性计划，确定安全措施，组织安全性评审。危险分析中，要考虑试验设备、测试仪器及其使用、安装中可能出现的危险，也要考虑试验环境的特有危险。通过安全性评审后才能进行试验。

7) 工作项目 7：系统安全性进展报告

承制方还必须定期提供安全性进展报告。

3．维修安全目标控制

目标控制是由美国著名管理学家杜拉克首先提出的，即以目标作为各项管理工作的指南，以实现目标的成果来评价贡献的大小，让组织各成员参与制定工作目标，在工作中实行自我控制，并努力完成工作目标的管理方法。其目的是通过目标的激励作用来调动广大人员的积极性，从而保证总目标的实现。其核心是强调工作成果，重视成果评价，提倡个人能力的自我提高。

维修安全目标控制是目标管理在维修安全管理上的应用，是组织确定在一定时期内应实现的维修安全目标，分解展开，落实措施，严格考核，通过内部自我控制达到安全目的的一种安全控制方法，它以组织总的安全控制目标为基础，把全体成员都科学地组织在目标体系之内，逐级向下分解，使各级安全目标明确、具体，各方面关系协调、融洽，每个人都明确自己在目标体系中所处的地位和作用，通过每个人积极努力来实现组织安全目标。

1) 维修安全目标控制的内容

维修安全目标控制的内容是动员全体组织成员参加制定组织维修安全目标，并保证其实现。就是由单位领导根据上级要求和本单位实际，在充分听取广大组织成员意见基础上，制定组织维修安全总目标(即组织目标)，然后层层展开，层层落实；下属各部门以至每个组织成员根据总目标，分别制定部门及个人维修安全目标和保证措施，形成一个全过程多层次的维修安全目标控制体系。维修安全目标控制的基本内容如图 5-6 所示。

图 5-6　安全目标管理基本内容

122

(1) 维修安全控制目标。

维修安全控制目标对一个组织的安全控制方向有指引作用，是衡量一个组织安全工作的首要标准。如果维修安全控制目标不正确，工作效率再高也不会得到满意的效果。

目标对人有激励和推动作用。根据弗罗姆的期望理论，目标的效用越大，越能激励人；经过努力实现目标的可能性越大，越感到有奔头。为充分发挥目标的激励作用，应该提出合理的奋斗目标，使广大组织成员既认识目标的价值，又认识到实现目标的可能性，从而激发信心和决心，为实现目标而共同奋斗。

组织制定维修安全控制目标的主要依据是：①国家的方针、政策、法令；②上级主管部门下达的指标或要求；③同类兄弟单位的维修安全情况和计划动向；④本单位维修安全情况的评价，设备、设施、人员、环境情况等；⑤本单位的长远维修安全规划。制定维修安全控制目标要有广大组织成员的参与，领导要与群众共同商定(维修安全目标要具体，可根据实际情况设置若干个，但不宜太多，以免力量过于分散)。应将重点工作首先列入目标，并将各项目按重要性分成等级或序列。各项目标应尽可能量化，以便考核和衡量。

维修安全控制目标确定后，要把它变成各部门和每个组织成员的分目标。否则，维修安全控制目标只能压在少数领导和维修安全管理干部身上，无法变成广大组织成员的奋斗目标和实际行动。组织领导应把维修安全控制目标的展开过程，组织成为动员各部门和全体组织成员为实现维修安全目标集中力量和献计献策的过程。

维修安全控制目标展开时应注意：①要使每个分目标与总目标密切配合，分目标要有利于总目标的实现；②各部门或个人的分目标之间要协调平衡，避免相互牵制或脱节；③各分目标都应能够激发下级部门及组织成员的工作欲望和充分发挥工作能力，并兼顾目标的先进性和实现的可能性。

系统图法是一种常用的维修安全控制目标展开法，是将价值工程中进行功能分析所用的功能系统图的思想和方法应用于维修安全目标控制的一种图法。其原理就是为达到某种目标选择某种措施，并考虑下一水平上应采用的措施。这样，上一层措施就成了下一层的目标。用此概念，把达到某一目标所需的措施层层展开制成图形，可对整个问题有一全面认识，掌握重点问题，合理寻求达到预定目的的最佳手段或策略。

应用系统图法展开维修安全控制目标的方法，就是下一级为保证上一级目标的实现，需要运用一定的手段和方法，找出本部门为实现目标必须解决的关键问题，并针对关键问题制定相应的措施，从而确定本部门的目标及措施，这样一级一级地向下展开，直到能够进行考核的一层，形成目标控制体系，如图 5-7 所示。维修安全控制目标展开后，实施目标的部门应该对目标中各重点问题编制一个"实施计划表"。表中应包括实施目标时存在的问题和关键、必须采取的措施项目、要达到的目标值、完成时间、负责执行的部门和人员，以及项目的重要程度等。编制实施计划表是实行维修安全目标控制的一项重要内容。

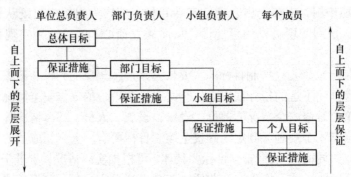

图 5-7　目标管理体系

(2) 目标的实施。

目标的实施是完成预定维修安全控制目标的阶段。主要工作内容：一是根据目标展开情况相应地对下级人员授权，使每个人都明确自己在实现总目标中应负的责任和行使的权力，发挥主动性和积极性，实现自己的工作目标。二是加强领导和管理，加强与下级的意见交流以及进行必要的指导等。实施过程中的控制，需要控制、协调，还需要及时反馈。在目标完成以前，上级对下级或成员完成目标计划的进度进行检查、控制、协调，取得信息并传递反馈。三是严格按照实施计划表上的要求进行工作。在整个目标实施中，每一个工作岗位都应有条不紊、忙而不乱地开展工作，从而保证完成预期的各项目标值。实践证明，实施计划表编制得越细，问题分析得越透，保证措施越具体明确，工作主动性就越强，实施过程就越顺利，目标实现的把握就越大，效果也就越好。

(3) 成果的评价。

在达到预定期限或目标完成后，上下级一起对完成情况进行考核，总结经验和教训，确定奖惩，并为设立新的目标、开始新的循环做准备。

成果的评价必须与奖励挂钩，使达到目标者获得物质或精神的奖励。要把评价结果及时反馈给执行者，让他们总结经验教训。评价阶段是上级进行指导、帮助和激发下级工作热情的最好时机，也是发扬民主管理、群众参加管理的一种重要形式。

124

2) 维修安全目标控制的作用

(1) 提高整个组织的战斗力。

随着现代科学技术的进步和社会经济的发展，维修安全控制工作也相应复杂起来了。传统安全控制往往用行政命令规定各部门工作任务，往往忽视了充分发挥人的积极性和创造性这一关键问题，致使各个组织成员或部门看不清为整个组织做出更大贡献的努力方向，从而削弱了部门或个人同完成整个组织任务之间的有机联系。这种情况下，尽管每个人都在认真工作，但由于在一些无关紧要的工作上花费了过多力量或力量分散，甚至力量互相排斥，以至对完成目标任务没有多大的推动力。安全目标控制可以集中发挥组织成员的全部力量，提高整个组织的战斗力，把组织的维修安全工作做好。

(2) 增强管理组织的应变能力。

维修安全控制工作是一个不间断、反复的循环过程，必须随着环境与条件变化，及时调整管理组织和工作方法。循环周期可以是一年、半年、三个月或更短，以便根据变化了的环境，适时正确地制定全目标，动员全体组织成员实现目标。在实施中，必须下放适当的权限，充分发挥个人的智慧和力量，让每个组织成员实行自我控制，使每一个人都能面对变化了的工作条件，适时合理地做出判断和决定，并积极采取必要的措施。实行目标控制，迫使各部门加强规章制度、事故统计分析、事故档案及信息工作等基础工作，改善维修安全控制基础工作，增强管理组织的应变能力。

(3) 提高各级管理人员的领导能力。

实行目标控制能创造一个培养和锻炼管理人员领导能力的管理环境，使他们逐渐具备真正的领导能力，改变单凭职务、权威和地位尊严领导下级的方式，想着群众、依靠群众，采取"信任型"领导方式，实现从"命令型"向"信任型"的过渡，从以往上级发布命令、下级只是服从的传统控制方法，转变到下级自己制定与上级目标紧密结合的个入目标，并且自我实现和自我评价的"以人为本"的现代控制方法上来。

(4) 促进组织成员整体素质的提高。

为实现既定的维修安全目标，组织成员乐于主动识别本岗位的危险因素并加以消除，乐于改进工作方法，逐步向规范操作、标准操作迈进。同时，为保证总目标的实现，也把组织成员维修安全技术水平的提高纳入目标体系，从而促进了组织成员素质的改善。通过目标的体系化，把各方面工作合理组织起来，把上下力量充分调动起来，形成一个为实现总目标而协同工作的群体活动，有效地解决组织各个时期存在的主要问题，使得组织朝着长远安全目标顺利发展。

第6章 航空维修差错典型案例

近 20 年来，在机械原因事故征候以上问题中，由于航空维修差错造成的约占30%。因此航空维修差错是诱发或直接导致飞行事故和地面事故的重要原因之一。航空维修差错管理与控制具有较强的实践性，其理论来源于实践，其作用体现在对实践的指导作用。本章分析了一百余起航空维修差错案例，通过这些案例可以加深对航空维修差错理论的深刻理解。

6.1 违反规定导致的维修差错

6.1.1 违反规定导致的严重航空维修差错

1. 案例1

1) 基本情况

事故时间：1990年1月；直接原因：加力时滑出；发生时机：地面开车；后果：飞机损伤，伤、亡各1人。

2) 简要经过

排故后试车，进入加力时，飞机滑出65m，机头撞在地勤休息室的墙上受损，两人受伤(1名重伤，抢救无效死亡，另1名重伤)。

3) 原因

违反试车规定。

2. 案例2

1) 基本情况

事故时间:1990年9月；直接原因：未安规定保险；发生时机：脱装座椅；后果：座椅弹出、重伤1人；

2) 简要经过

在做12±2个月周期性工作时，发生弹射事故，座椅落在飞机正后方19m处草地中，座椅师头部重伤、昏迷。

3) 原因

座椅师没有按规定脱开座椅弹打火控制摇臂，没有使用专用的软保险销。在吊起座椅时，空中保险销脱开，打火控制摇臂拉出，弹射弹打火，座椅弹出。

3．案例3

1) 基本情况

事故时间：1992年11月；直接原因：椅弹走火；发生时机：检查座椅；后果：座椅弹出、重伤1人。

2) 简要经过

机务大队进行补充换季工作，军械分队长和机械师在某飞机上进行地面打火试验时，椅弹走火，座椅弹出。

3) 原因

在未换假弹的情况下，军械师握动应急弹射手柄，造成椅弹-5走火，座椅弹出，军械师重伤。

4．案例4

1) 基本情况

事故时间：1993年5月；直接原因：误收起落架；发生时机：通电检查；后果：飞机损伤。

2) 简要经过

特设组长、电气员、仪表员三人协同进行防滞刹车传感器排故工作。经过分析检查确定更换新的防滞传感器，在新的防滞传感器装好时，分队长来到现场，帮助焊好传感器上的两根导线接线片。分队长交待电气员将导线装好，并把接线盖拧好；让仪表员接通地面电源，进行通电检查。检查中发现传感器内部机芯装错。分队长又让电气员、仪表员二人重新领回一个防滞刹车传感器，分队长和特设组长立即分解传感器进行机芯对调工作。此时，电气员想起接线盒还未搞好，便去复查接线盒，发现有一根接线螺帽未拧紧，用扳手拧压螺帽(当时认为分解已经断电)，扳手拧紧螺帽的过程中不慎将防滞刹车传感器正线与收放起落架电磁活门正线搭接，造成收起落架电路接通，电磁活门工作，在系统压力作用下，起落架收起，机身腹部触地。

飞机机身28个框架损坏；机身21～31框架共11根地板大梁中段向上拱起；客舱隔板折断；中舱隔板向上撞击顶栅损坏；厕所隔板向上撞击使机身上部外蒙皮变形；前起落架舱门、无线电天线、闪光灯、地平仪安装架、迫降灭火信号器等部件均受到严重损坏。

3) 原因

电气员违章带电操作，用扳手拧紧接线盒螺帽时，致使防滞刹车传感器导线与起落架导线搭接，误收起落架。

5．案例 5

1）基本情况

事故时间：1993年9月；直接原因：未按规定检查；发生时机：检查航炮；后果：航炮走火、伤、亡各1人。

2）简要经过

100小时定检工作接近结束时，小组负责人兼军械专项质检员安排两名军械员进行航炮通电，他本人却留在工作间内。两名军械员一人进入座舱，另一人在地面配合通电。在地面的军械员违反《航空军械安全规则》第十一条的规定，在未将弹带退出进弹机的情况下，发出"右炮装弹"的口令，未检查航炮即回答"检查好"，座舱内军械员按下装弹按钮，在听到回答"好"后松开装弹按钮(此时炮弹已进入机芯抓手，航炮处于待发状态)，在地面的军械员又违反《航空军械安全规则》第十条第二款的规定，在未检查机芯抓手内是否确实没有炮弹的情况下即发出"右炮释放机芯"的口令，座舱内军械员发出"检查机芯"口令，在地面的军械员未检查却答道"检查好"，座舱内军械员按下射击按钮释放机芯，航炮走火四发。其中一发击中机头前方小红旗旗杆，弹头爆炸，飞散的弹片击中了位于距离炮口8.7m、炮管轴线右侧4m处的机械师的左胸，其当场死亡。弹片还击中了站在附近的机械员的下颌，造成骨折。其他炮弹打在机头前方20多米处的防吹坪上。

3）原因

军械员在未将弹带退出进弹机和未查明机芯内有无炮弹的情况下，盲目发出右炮装弹和释放机芯口令，导致航炮走火。

6．案例 6

1）基本情况

事故时间：1994年6月；直接原因：未按规定吊座椅；发生时机：脱装座椅；后果：椅弹走火、亡1人。

2）简要经过

机组排除刹车调压器故障。安装座椅后，二中队一名座椅员进行复查时，发现氧气连接器下连接板未装好。在重新安装氧气连接器连接板过程中，在未按规定换上地面工作保险销及取下弹射器打火钢索连接销情况下，指挥吊座椅，导致打火臂工作，造成椅弹-5走火，将座椅弹出落在飞机左侧后方11m处。飞机无损伤，座椅员受重伤，抢救无效死亡。

3）原因

座椅员未按规定换插专用保险销，也未断开打火机构的连接，盲目起吊座椅，致使椅弹走火、亡/人。

7．案例 7

1) 基本情况

事故时间：1995年3月；直接原因：试车前未打开冷气瓶开关；发生时机：地面开车；后果：飞机冲出、飞机损伤。

2) 简要经过

运输机中队机械师负责做某飞机10±5天停放检查，机械师一人在座舱内试车，机械员在机下负责警戒。在试车过程中，当第二次推油门至1850r/min后，用固定把手将油门固定检查发动机参数时，飞机突然撞开轮挡冲出，刮坏某团停机坪停放的某飞机垂直尾翼和水平安定面，然后继续向前滑行撞到停机坪晾晒蒙布杆和直径30cm粗的树干，在距离试车地点148m处停下。飞机左起落架被撞掉，左、右下机翼被撞变形，飞机损伤严重。

3) 原因

机械师试车前未打开冷气瓶开关，致使刹车不起作用。飞机冲出后没有采取制动措施。

8．案例 8

1) 基本情况

事故时间：1996年11月；直接原因：地面连续射击炮弹过多；发生时机：检查航炮；后果：炮弹炸膛，伤、亡各1人。

2) 简要经过

机械日。根据团和大队领导安排，由一中队军械分队长组织，军械师、专业军士参加对某型飞机182号和165号飞机进行航炮地面试射。其中165号机左炮射击了180发炮弹，16时35分左右，当右炮试射到第8个弹带(每个弹带30发炮弹)的第6发炮弹时，航炮出现停射。一分钟后，分队长和军械师一起对航炮进行检查。军械师打开进弹机，分队长发现航炮处于锁膛位置，炮弹在炮膛内未发射出去，随后命军械师盖上进弹机排故。军械师正准备盖进弹机时，炮弹在炮膛内爆炸，弹壳碎片击中其头部，重伤，抢救无效死亡，分队长面部被喷出的火药烧伤。

3) 原因

航炮地面连续射击的炮弹过多，炮膛温度过高，当射击到216发炮弹时，遇到炮弹瞎火留膛，炮膛高温烘烤留膛炮弹，引爆弹头内炸药，导致炸膛。

9．案例 9

1) 基本情况

事故时间：1997年12月；直接原因：未挡轮挡试车；发生时机：地面开车；后果：亡2人，飞机严重损坏。

2) 简要经过

飞机停放检查，机务二中队安排3个组分别对某型飞机108、113、129号3架飞机做停放检查并进行试车。9时20分，副中队长、93号机组机械师负责对某飞机进行试车，飞机从停机坪推出后，机头偏西北方向迎风摆放在停机坪前滑行道上。机械员检查右发滑油为8.5L，左发滑油箱盖太紧未拧开，报告机械师后，按机械师要求去工作房取滑油，此时，129号飞机旁只剩下副中队长和机械师。约9时33分，129号飞机起动开车，约9时35分，飞机向前直线滑行108m与西头塔台后照相工作房相撞起火(后迅速扑灭)，房屋墙角部分损坏，副中队长摔倒在飞机左翼根上方，被倒塌的墙体石块砸死，机械师在座舱内被挤死。

3) 原因

机械师违反试车规定，未挡轮挡，副中队长未把关，飞机在双发大转速状态下前冲，处置不当，与房屋相撞，导致飞机严重损伤、亡2人的严重地面事故。

10. 案例 10

1) 基本情况

事故时间：1998年4月；直接原因：打火试验未退出弹射弹；发生时机：检查座椅；后果：椅弹走火、亡1人。

2) 简要经过

机务二中队军械分队长带军械员做飞机座椅弹射器打火试验，在军械员的配合下依次完成了某型飞机481号、480号前后舱座椅和485号机前舱座椅的打火试验。约11时，军械员在485号机前舱做打火试验的恢复工作，军械分队长起身离开前舱到后舱，在没有取下座椅弹射弹，既无他人配合，又无兼职质检员进行专项质量检验的情况下，违反操作规程匆忙进行座椅弹射器打火试验，致使座椅弹射弹走火，将军械分队长本人弹出座舱，座椅摔在右机翼后部，军械分队长摔倒在右翼根后部的地面上，头部和右腿受重伤，抢救无效死亡。

3) 原因

军械分队长违章操作，在进行座椅打火试验时，不退出弹射弹。

11. 案例 11

1) 基本情况

事故时间：1999年8月；直接原因：盲目通电；发生时机：通电检查；后果：火箭弹走火、亡1人。

2) 简要经过

左侧装2枚57-1火箭弹后，准备挂训练炸弹时，两枚火箭弹走火，无线电员牺牲。

3）原因

军械分队长在没有了解飞机是否装弹的情况下，进入座舱盲目通电检查，导致火箭弹走火。

12．案例12

1）基本情况

事故时间：2001年5月；直接原因：未按规定进行开车前检查；发生时机：地面开车；后果：损伤飞机、发动机。

2）简要经过

外场机组配合附件人员对机翼大梁进行探伤。放襟翼冷开车时，右发起动，飞机左转270°，与机库西侧外墙擦撞。造成飞机机头唇口右侧整流罩损伤变形50cm×40cm，右机翼翼尖部擦伤40cm，右发动机一级压缩器叶片5片轻微变形。

3）原因

定检机械师排除右发油门杆2号齿板螺杆保险孔对不正故障时，未关闭防火开关就断开油门杆，使油门处于打开位置；外场机械师未经内场机械师同意，且未按照规定完成开车前检查，就进行冷开车，致使右发起动。

13．案例13

1）基本情况

事故时间：2001年8月；直接原因：导弹走火；发生时机：通电检查；后果：一死四伤。

2）简要经过

预先机务准备，无线电员通电完毕后，准备关闭电门时左侧PL-5乙导弹走火，造成一死四伤，导弹在距飞机正前方1500m处爆炸。

3）原因

该机导弹应急发射按钮在机务维修工作中拧坏、卡死。事故当日机务人员违反了一系列规定，使导发架长时间加电，加之导发架内部进水、受潮或其他因素的作用，电子线路或元器件发生了突发性瞬间串电，导致导弹走火。

14．案例14

1）基本情况

事故时间：2001年10月；直接原因：违章操作；发生时机：装投副油箱；后果：助投弹走火、亡一人。

2）简要经过

节后开飞大检查，进行机械投放左侧机翼副油箱工作，中队长在没有让军械人员退弹的情况下，用机械方式投下左机翼副油箱后，又将助投机构的地面保险销拔出，造成助投弹走火，助投筒打出，中队长本人受重伤，抢救无效死亡。

3) 原因

中队长在没有让军械人员退弹的情况下,用机械方式投下左机翼副油箱后,又将助投机构的地面保险销拔出,造成助投弹走火,助投筒打出。

4) 备注

该机机翼副油箱使用专用挂梁,装该型助投弹弹射挂弹钩,助投机构的打火机构为机械撞针式,撞针受撞针控制臂和地面保险销双重保险。当用机械方式投下副油箱后,挂钩开钩,通过传动机构拔出了助投机构的撞针控制臂,此时撞针只受地面保险销控制,用手拔出地面保险销,撞针即可击发助投弹。

6.1.2 违反规定导致的一般航空维修差错

1. 案例 1

1) 基本情况

事故时间:1990年4月;直接原因:吸入炮套;发生时机:地面开车;后果:打坏发动机。

2) 简要经过

换季检查试车,右发吸入炮套,将一、二级压缩器叶片各打伤2片。

3) 原因

担任警戒的机械师精力不集中,风将炮套吹至机头处未发现。

2. 案例 2

1) 基本情况

事故时间:1990年5月;直接原因:检查程序不落实;发生时机:检查航炮;后果:航炮走火。

2) 简要经过

换季检查时,进行武器电气路检查,1名志愿兵在座舱操作,另1名年战士配合,志愿兵按规定发出口令,战士未按规定检查就回令,造成中炮走火6发,未造成其他后果。

3) 原因

检查程序不落实,工作不仔细。

3. 案例 3

1) 基本情况

事故时间:1990年6月;直接原因:违章操作;发生时机:检查航炮;后果:航炮走火。

2) 简要经过

机械日，军士长和军械员进行武器电气路检查时，军士长在座舱操作，军械员在下面配合，未将弹带退出进弹机，也未按规定口令进行检查和联络，造成左炮走火6发，未造成后果。

3) 原因

未按规定程序检查、联络。

4．案例4

1) 基本情况

事故时间：1990年8月；直接原因：工作间失火；发生时机：清洗；后果：重伤1人。

2) 简要经过

机械师在维护组清理工具设备时，全身着火跑出，灭火后全身已严重烧伤。

3) 原因

原因不明。

5．案例5

1) 基本情况

事故时间：1990年9月；直接原因：发动机回火；发生时机：地面开车；后果：烧坏发动机。

2) 简要经过

试车排故，连续两次开车均正常，第3次起动不成功，检查时发现左发喷口挂铝，进一步检查发现第三级压缩器叶片有1片从距叶尖1/3处折断。

3) 原因

经工厂来人和部队共同检查分析，导致此次发动机损坏的原因是：由于中队长违章试车，在左发起动不成功的情况下，右发连续试车，造成左发回火，将压缩器烧坏。

4) 备注

压缩器烧伤情况：三级压缩器叶片烧坏7片，四级烧坏11片，五级烧坏19片。

6．案例6

1) 基本情况

事故时间: 1990年9月；直接原因：违章操作；发生时机：通电检查；后果：航炮走火。

2) 简要经过

军械师在排除53号机大照相枪自动工作的故障时，违章操作，致使左航炮走火4发。未造成严重后果。

3) 原因

在既不检查航炮机芯，又无人配合的情况下，擅自通电。

7．案例 7

1) 基本情况

事故时间：1990年11月；直接原因：导管漏气、爆燃；发生时机：焊接；后果：伤2人。

2) 简要经过

四中队焊工师、焊工在焊工间给航材股焊接地面设备时，由于气焊导管漏气，工作间通风不好，造成爆燃。焊工右眼被烧成重伤，焊工师眉毛烧掉，焊枪及导管烧坏，未造成其他损失。

3) 原因

气焊导管漏气，工作间通风不好，造成爆燃。

8．案例 8

1) 基本情况

事故时间：1991年4月；直接原因：未按规定检查；发生时机：地面维护；后果：航炮走火。

2) 简要经过

在进行地靶射击后，军械师未认真检查航炮机芯。在擦拭航炮前，也没按规定检查就分解航炮，导致炮弹走火1发，未造成后果。

3) 原因

未按规定检查即分解航炮。

9．案例 9

1) 基本情况

事故时间：1991年5月；直接原因：违章操作；发生时机：更换椅弹；后果：座椅弹射器走火。

2) 简要经过

飞机换季检查，军械员更换座椅发射弹，拆下座椅时，发射弹走火，弹射筒弹出。

3) 原因

军械员在军械师、分队长取发射弹拆装工具时，擅自拆卸，将地面保险销拔出。

10．案例 10

1) 基本情况

事故时间：1991年5月；直接原因：违章操作；发生时机：检查航炮；后果：

航炮走火。

2) 简要经过

第一个起落飞轰炸射击课目，轰炸后因弹舱门收不上，飞机提前返航，地面退弹时右炮走火1发，未造成后果。

3) 原因

军械员在未判明炮弹是否退出时，盲目发出释放机芯口令。

11．案例 11

1) 基本情况

事故时间：1991年6月；直接原因：吸入外来物；发生时机：地面开车；后果：打坏发动机。

2) 简要经过

做24±3个月定检工作，出厂开车检查时，因吸入眼镜，致使右发动机一级压缩器叶片12片被打伤，发动机提前返厂。

3) 原因

代理分队长在座舱上观察开车时，眼镜从上衣口袋滑出，吸入右发。

12．案例 12

1) 基本情况

事故时间：1991年12月；直接原因：未安装空中电瓶；发生时机：地面开车；后果：辅助动力装置损坏。

2) 简要经过

地面起动辅助动力装置(ＢＣＹ)，当转速为40％时，驾驶舱灯光变暗。按停车按钮ＢＣＹ未停，瞬间超温警告灯亮，自动停车。后用另一台电源车进行冷转时，听不到声音。停车后检查发现该装置损坏。

3) 原因

空勤机械师未按规定安装空中电瓶，又未检查电源车容量，起动中，电压低，转速悬挂，富油燃烧，停车后盲目冷转。

13．案例 13

1) 基本情况

事故时间：1992年3月；直接原因：违章单独操作；发生时机：检查航炮；后果：航炮走火。

2) 简要经过

军械分队长在通电检查前炮装弹打火线路和照相枪时，造成炮弹走火7发，未造成伤亡。

3) 原因

违反武器通电时要有2人配合的规定，没有认真检查是否退出弹机。

14. 案例14

1) 基本情况

事故时间：1992年5月；直接原因：未按规定检查机芯；发生时机：通电检查；后果：航炮走火。

2) 简要经过

地靶训练第二个起落开车前，飞行员通电检查照相枪时，左炮走火4发。

3) 原因

该机第一个起落着陆后，军械人员未按规定检查机芯，导致通电时炮弹走火4发。

15. 案例15

1) 基本情况

事故时间：1993年10月；直接原因：违章操作；发生时机：检查航炮；后果：航炮走火、伤1人。

2) 简要经过

早晨，战斗值班飞机做雨后检查。军械师在某型飞机26号机座舱通电检查照相枪时，左右航炮各走火8发，机械分队长受轻伤。

3) 原因

前一天未断开航炮、照相枪电门，第二天在未复查情况下，接通航炮电门，按下射击按钮时，导致航炮走火。

16. 案例16

1) 基本情况

事故时间：1993年11月；直接原因：违章操作；发生时机：安装座舱盖；后果：损坏座舱盖。

2) 简要经过

四中队军械分队长组织安装某型飞机0501号机座舱盖，在进入座舱判明座舱盖操纵开关在"中立"位置后，指挥吊车操纵人员将座舱盖缓缓下落，将座舱盖后铰机构安装好以后，再放座舱盖下落，当右侧作动筒活塞杆叉形件进入座舱盖与动作筒相连的耳片的螺栓上时，左侧作动筒活塞杆叉形件距耳片的螺栓尚有约60mm距离。为了使左侧作动筒活塞杆到位，军械分队长用扳手向上拉该动作筒活塞杆未成功，便一手紧握该侧动作筒，另一手扳座舱盖操纵开关至"开启"位置，活塞杆突然伸出顶坏座舱盖玻璃。

3）原因

违章操作，盲目扳动座舱盖操纵开关至"开启"位置，导致活塞杆伸长顶坏舱盖玻璃。

17．案例 17

1）基本情况

事故时间：1994年10月；直接原因：违反通电检查规定；发生时机：检查航炮；后果：航炮走火。

2）简要经过

机务准备，代理军械师进行武器通电检查时，造成尾炮塔左炮一发炮弹走火。

3）原因

军械师和军械员未按规定打开炮塔整流罩，检查进弹机确认无炮弹后，再按规定的程序进行通电，造成尾炮塔左炮一发炮弹走火。

18．案例 18

1）基本情况

事故时间：1995年2月；直接原因：外来物遗留在进气道内；发生时机：开冷车；后果：打坏发动机。

2）简要经过

某部修理厂在对某团某型飞机做12±2个月周检时，开冷车时吸入外来物打坏发动机。

3）原因

机械分队长检查进气道时未按规定着装，致使带外来物遗留在进气道内。

19．案例 19

1）基本情况

事故时间：1995年3月；直接原因：试车架故障；发生时机：地面开车；后果：烧坏发动机。

2）简要经过

更换双发装试车架试车，第一次起动不成功。组织试车的修理厂领导在没有查明原因的情况下，再次试车，当转速上升缓慢，排气温度表不指示时，处置错误，盲目补加油门，富油烧坏发动机。

3）原因

特设人员没有按规定测量试车架电路，未能发现试车架热电偶电缆插钉与导线连接处断线的隐患。

20．案例20

1）基本情况

事故时间：1995年8月；直接原因：外来物遗留在进气道内；发生时机：地面开车；后果：打坏发动机。

2）简要经过

某日上午，某部定检中队更换双发后，试大车前，发现右发压缩器叶片打伤，一级打伤22片30个缺口，最大深度36mm，2片叶尖变形，二级打伤4片，三、四级各打伤1片。

第1天换双发，装机前检查良好。第2天双发启封前检查压缩器叶片良好。启封后，中队长组织试车40分钟，发动机各状态参数符合要求，未发现异常现象。第3天上午再次准备试大车前，机械师发现右发压缩器叶片打伤。

3）原因

机械员检查进气道时，未按规定清理着装，将外来物(初步判断为螺钉)带入进气道，干部未及时发现。

21．案例21

1）基本情况

事故时间：1995年8月；直接原因：吊架钢索断；发生时机：换发；后果：摔坏发动机。

2）简要经过

8时20分，某团1大队3中队中队长组织更换4017号机第二号发动机。全体人员到位后，由分队长布置工作，中队长提出要求。约9时20分，吊装准备工作完成，各部位负责人检查完毕，中队长又将各吊装点复查一遍，确认发动机各连结点已脱开，吊索及吊架固定牢靠，滑轮保险完好，钢索良好并入轨，吊索电机上锁并进行通电试验，确认完好后，通知各检查点人员注意准备开始工作，各检查点人员回答均准备好。中队长通知分队长开始吊发，首先将发动机稍向下放一点后，询问各点人员情况如何，回答良好后继续缓慢放下，当放下约1m时，突然听到左侧一声响，发动机突然向左侧倾斜，接着发动机右侧也向下掉，同时发动机后部也向下掉，三根钢索均断开。发动机和飞机损坏情况如下：

(1) 发动机低压压缩器机匣壳体变形。

(2) 低压压缩器中片、导流叶片弯曲。

(3) 燃油滑油散热器壳体撞裂。

(4) 燃油供油管变形。

(5) 尾喷管变形。

(6) 进气管左下方有轻微变形。

(7) 2发左、右吊装盖板边缘有变形。

3) 原因

左侧吊装钢索从距发动机吊接点210mm处断，发动机突然向左侧倾斜，造成右侧及后部的吊装钢索先后断，发动机坠地。

左侧吊装钢索断裂处局部表面有陈旧性损伤，局部断丝后，发展成瞬间断裂。

22．案例22

1) 基本情况

事故时间：1995年8月；直接原因：开冷车时带工具进入进气道；发生时机：开冷车；后果：打坏发动机。

2) 简要经过

机械日，机械师发现发动机下部渗滑油，报告代理分队长，并建议开冷车检查渗油部位。代理分队长未向中队长报告，就进入座舱进行冷开车，机械师带检查工具进入进气道内观察，当发动机转速达300r/min时，机械师手中的解刀滑落，随即发动机声音异常，并发现解刀木柄碎片从放气带孔内喷出，停车检查，解刀头在发动机内部找到，发动机一、二、三、五级压缩器叶片有不同程度打伤。

3) 原因

机械师违反规定，开冷车时带工具进入进气道检查渗油部位，解刀脱落，吸入发动机。

23．案例23

1) 基本情况

事故时间：1995年10月；直接原因：吸入炮套；发生时机：地面开车；后果：打坏发动机。

2) 简要经过

地面试车时，遇阵风将距飞机15m处的炮套吹起，吸入发动机，将一级压缩器叶片打伤。

3) 原因

未按规定摆放炮套，致使阵风将机头前15m处的炮套吹起，吸入发动机。

24．案例24

1) 基本情况

事故时间：1996年3月；直接原因：液压撞击；发生时机：地面开车；后果：损坏发动机。

2) 简要经过

昼间起落飞行训练。第三个起落起飞后，飞行员反映发动机严重振动，遂建立小航线安全着陆。

飞机着陆后，某团机务大队会某厂技术人员对该发动机进行了分解检查，发现滑油系统内有大量金属屑和活塞胀圈碎块；5号汽缸连杆上端折断，下端弯曲，第5道活塞胀圈折断，缸裙根部有长约8cm、深4.5cm，成半圆形的损坏缺口；6号缸裙根部有长约10cm、深2.5cm的弧状损坏缺口；曲轴配重损伤。

3) 原因

某日机械日工作时，在发动机停放超过两昼夜的情况下，机组未按规定排放汽缸滑油和进气管积油，地面试车造成了5号汽缸液压撞击。

25．案例25

1) 基本情况

事故时间：1996年5月；直接原因：未取下信号枪；发生时机：通电检查；后果：信号枪走火、伤1人。

2) 简要经过

修理厂进行24个月周检换发工作，两名军械师对信号枪电路通电检查。其中一军械师负责地面信号枪检查仪安装，当检查发现信号枪未取的同时，4发信号弹走火，造成其面部烧伤，下牙齿全部脱落。

3) 原因

机组违反规定，飞行结束后，未取下信号枪；修理厂两名军械师违章蛮干，不认真检查，盲目通电。

26．案例26

1) 基本情况

事故时间：1996年11月；直接原因：外物遗留在进气道内；发生时机：地面开车；后果：打坏发动机。

2) 简要经过

地面准备，机械员检查进气装置时，发现右发空气散热器包皮打伤两处，第一级压缩器叶片全部打坏，第二级压缩器叶片打伤4片，喷口有挂铝。

3) 原因

某日，该机机械师未按规定着专用工作服，爬完进气道后又未进行复查，致使衣服上的铁环脱落，遗留在进气道内，试车打坏。

27．案例27

1) 基本情况

事故时间：1997年3月；直接原因：误收起落架；发生时机：飞行前；后果：损伤飞机、发动机。

2) 简要经过

第一个起落开车后，机械师放飞过程中，发现起落架手柄保险卡未解除，即帮助解除，误将起落架手柄扳至收上位置，造成地面前起落架收起，飞机、发动机局部损伤。

3) 原因

机械师在放飞过程中违反规定，误将起落架手柄扳至收上位置，造成地面前起落架收起，飞机、发动机损伤。

28．案例28

1) 基本情况

事故时间：1998年3月；直接原因：螺钉遗留在进气道内；发生时机：地面开车；后果：打坏发动机。

2) 简要经过

地面起动试车进入暖机状态时，机组听到一声响，立即收油门停车。检查发现，发动机一级压缩器叶片尖部大部分打伤，二级叶片也有不同程度损伤。

3) 原因

试车前，机械员用抹布擦进气道时，将螺钉带入，遗留在进气道内，机械师检查不细，试车时打坏发动机。

29．案例29

1) 基本情况

事故时间：1998年5月；直接原因：未判明弹带是否退出；发生时机：检查航炮；后果：航炮走火。

2) 简要经过

空靶实弹训练，飞机着陆后飞行员反映，右炮卡壳(实际为空中停射)，军械分队长在着陆线退出机芯抓手内炮弹，并释放机芯后，由负责该机的代理军械师在加油线排除停射故障(扣机组插头内导线震脱)，在排故过程中，代理军械师违反军械安全规定，导致航炮走火4发。

3) 原因

违反军械安全规定，在未判明弹带是否退出，又无专项质检员在场和其他军械人员配合的情况下，单独进行航炮电气路的检查。

30．案例30

1) 基本情况

事故时间：1998年6月；直接原因：吊车挂钩的固定螺帽脱落；发生时机：换发；后果：摔坏发动机。

2) 简要经过

更换某飞机发动机时，吊车挂钩的固定螺帽脱落，发动机坠地损伤。

3) 原因

未按规定检查吊装设备，吊车挂钩固定螺帽脱落。

31．案例 31

1) 基本情况

事故时间：1998年7月；直接原因：测量火箭弹点火具电阻；发生时机：通电检查；后果：火箭弹走火。

2) 简要经过

完成第2次实弹飞行任务进行再次出动机务准备时，军械师填装火箭弹后，进行电阻测量时，发现右发射器5号发射筒电阻无穷大，再次复查按下检查按钮时，火箭弹走火，打在机头前方1500m处爆炸，未造成后果。

3) 原因

违反"禁止测量火箭弹点火具电阻"的规定。

32．案例 32

1) 基本情况

事故时间：1998年8月；直接原因：违章通电；发生时机：通电检查；后果：导弹舵机报废。

2) 简要经过

二中队代理军械分队长、军械师对担负二等值班飞机通电检查时，发现飞机左挂弹信号灯不亮。随后卸下左侧导弹，用检查仪MN5对左导发架进行检查，当检查导"燃气"参数时，在地面操作的军械分队长听到飞机右侧有异常声音，发现导弹制导舱排气孔冒烟，立即通知关掉飞机各电门，卸下右侧导弹。

事后，用检查仪检查飞机左右导弹发射电路工作正常，导弹运送内场检查，发现燃气发生器已经工作，点火电阻值大。导弹燃气发生器误工作。

3) 原因

违章通电，造成燃气发生器及导弹舵机报废。

33．案例 33

1) 基本情况

事故时间：1999年1月；直接原因：碰掉空中保险销；发生时机：检查座椅；后果：椅弹走火。

2) 简要经过

在排除1号座椅弹射筒故障时，弹射弹走火，顶坏飞机舱盖，人员无伤亡。

3) 原因

违反规定，在未退出座椅弹射弹的情况下，碰掉空中保险销。

34．案例 34

1) 基本情况

事故时间：1999年11月；直接原因：吸入外来物；发生时机：地面开车；后果：打伤发动机。

2) 简要经过

某日，地面准备中发现发动机一级压缩器叶片14片打伤变形，处理机匣扰流片20片划伤。

3) 原因

吸入外来物打坏发动机。

4) 备注

某日，该团修理厂完成Ⅱ级涡轮叶片探伤检查工作后，进行了两次地面试车，试车后均未检查进、排气装置。

35．案例 35

1) 基本情况

事故时间：2000年1月；直接原因：螺栓断裂；发生时机：发动机运输；后果：摔伤发动机。

2) 简要经过

四中队油封一台涡喷六发动机后，用托架从机库推往装箱处过程中，托架右支撑接耳固定螺栓断裂，发动机跌落在托架上，对应于压缩器一级整流叶片处的外壳被托架顶伤。

3) 原因

托架右支撑接耳固定螺栓断裂。

36．案例 36

1) 基本情况

事故时间：2001年10月；直接原因：吸入外来物；发生时机：地面开车；后果：打坏发动机；

2) 简要经过

某日，换季检查中发现该机发动机压气机一、二、三级叶片多片打伤。该机5日前组织过地面试车，试车前检查良好。

3) 原因

某日下午，机械员试车前检查进气道时，未按规定穿专用工作服，将携带的金属物遗留在进气道内，机械师又未进行复查，导致试车时发动机叶片被金属物(最大可能是硬币)打伤。

37．案例37

1) 基本情况

事故时间：2004年11月；直接原因：吸入外来物；发生时机：飞行开车；后果：打坏发动机；分类：违反规定。

2) 简要经过

夜航训练，第4个起落起动成功后吸入机械员皮帽，打伤发动机一级压缩器叶片22片。这是一起典型的维护责任地面事故。

3) 原因

机械员在取右侧辅助进气门网罩时违反规定，致使皮帽吸入进气道。

4) 备注

首先，安全预想预防不到位，该单位没有针对新员独立上岗、当日夜航天气寒冷等特点，及时进行安全预想预测，提醒要求不到位，埋下了事故隐患。其次，空军《预防喷气式发动机提前更换的制度、措施和规定》中明确规定，起飞前取下辅助进气门网罩时，要注意防止手套、工作帽、眼镜等物品吸入进气道；该单位也制定了取辅助进气门网罩时不允许带帽子和手套的具体措施，但没有引起该机械员的高度重视，置规定、措施于不顾，我行我素。第三，负责把关的人员没有及时提醒，在场的机械师、分队干部责任心差，思想麻痹，对机械员违反规定操作视而不见，干部复查把关流于形式，最终导致问题的发生，教训极为深刻。

6.2 技术技能差导致的航空维修差错

6.2.1 技术技能差导致的严重航空维修差错

1) 基本情况

事故时间：2004年9月；直接原因：违章通电；发生时机：更换导弹；后果：导弹走火。

2) 简要经过

战斗值班，在更换到期的导弹过程中，该机所挂一枚导弹走火，未造成人员伤亡。

3) 原因

军械师在判断导弹与飞机不匹配现象时违反了《航空军械安全规则》和《某型飞机技术使用指南》中"进行飞机武器控制系统自检时飞机不允许装挂任何

外挂物"的规定，错误认为断开导弹与飞机对接插头，取下地面保险销，就等同于卸下外挂物，忽视了导弹发动机点火电路的连接关系，未及时报告，自作主张展开工作，通电自检过程中点火电路工作，导弹走火，导致一起人为责任事故。

4）备注

这是一起完全因人为责任导致的严重地面事故，且发生在刚刚进行了3天的停飞整顿之后，暴露出该单位落实上级指示要求不严肃、不认真，整顿不深入、不扎实，维修管理工作存在盲区和死角，个别机务人员章法观念淡薄、理论技术基础不扎实，教训极为深刻。

6.2.2 技术技能差导致的一般航空维修差错

1．案例1

1）基本情况

事故时间：1992年6月；直接原因：转速悬挂；发生时机：地面开车；后果：烧坏发动机。

2）简要经过

机械日，特装专业结合试车进行自主式装置对飞机控制能力的例行检查，当该装置工作到121s恢复供油时，左发转速悬挂，严重超温，烧坏涡轮装置。

3）原因

自主式装置控制的减油转速偏小(规定2500r/mn，实际2300r/min)，双发转速差大。发动机热悬挂时，实习机械师经验不足，处置不及时，烧坏发动机。

4）备注

$P_{副慢}=12kg/cm^2$，$\Delta P=3kg/cm^2$。要求，更换发动机或燃料泵后，必须按特装规程规定的内容检查自主式装置对发动机的控制能力，若发现减油转速低于2500r/min、双发转速差大于10%，恢复供油时排气温度有超温趋势时，必须采取措施(收油门关车)，控制温度上升，防止烧坏发动机。

2．案例2

1）基本情况

事故时间：1997年8月；直接原因：液压撞击；发生时机：地面开车；后果：损坏发动机。

2）简要经过

地面全面试车，单磁电机工作时，掉转200r/min～300r/min，发动机振动停车。部队检查磁电机，更换导电棒后，再次试车时，发动机转速在1600r/min左右时，转速推不上，发动机剧烈振动，收油门时发动机停车，桨轴扭断，螺旋桨掉地。

3) 原因

实习机械师安全预想不够，机械师、分队长把关不力，导致液压撞击，损坏发动机。

6.3 操作不当导致的航空维修差错

1. 案例 1

1) 基本情况

事故时间：1990年2月；直接原因：转速悬挂；发生时机：地面开车；后果：烧坏发动机。

2) 简要经过

春节后开飞检查，试车起动时，左发转速上升慢，温度上升快，升至850℃停车。检查发现，左发Ⅰ级涡轮叶片从1/2处烧断，Ⅱ级导叶片有15片、Ⅱ级涡轮叶片有5片被损伤。

3) 原因

分队长处置不当。

2. 案例 2

1) 基本情况

事故时间：1990年10月；直接原因：转速悬挂；发生时机：地面开车；后果：烧坏发动机。

2) 简要经过

完成10天停放，副中队长试车，双发起动，起动车电压偏低，左发动机起动困难，进行手调起动，操作不当，左发富油超温，转速到1600r/min不上升，双发关车。

停车检查发现，左发Ⅱ级涡轮叶片全部烧坏。

3) 原因

违反规定，盲目蛮干。

3. 案例 3

1) 基本情况

事故时间：1991年7月；直接原因：棘轮离合子打坏；发生时机：地面开车；后果：打坏发电机。

2) 简要经过

换右发动机后试车，当转速8000r/min～9000r/min时，发动机"嘭"的一声响，立即收油门停车，检查发现右发电机被严重打坏，电枢励磁线圈、防尘罩、电刷、轴承及碎片从散热、通风口抛出,散落在左右发动机舱及地面。

3) 原因

发电机打坏的原因是发动机棘轮离合子打坏。

4. 案例4

1) 基本情况

事故时间:1991年8月;直接原因:汽油软管老化漏油;发生时机:地面开车;后果:烧坏飞机。

2) 简要经过

左发排故后试车,当发动机转速为10000r/min检查襟翼收放情况时,左发放气带附近起火,扑灭后检查发现飞机4号油箱鼓破,3~4油箱处隔热蒙皮烧坏,两个喷管变形。

3) 原因

左发动机电磁活门汽油软管老化龟裂,试车时汽油外漏,导致起火。

5. 案例5

1) 基本情况

事故时间:1991年10月;直接原因:吸入外来物;发生时机:地面开车;后果:打坏发动机。

2) 简要经过

在试车排故时,一阵风将脚踏布吹起,被吸入进气道,右发动机打坏。

3) 原因

(1) 大风将脚踏布刮起。

(2) 脚踏布挂得不牢靠。

6. 案例6

1) 基本情况

事故时间:1991年12月;直接原因:转速悬挂;发生时机:地面开车;后果:烧坏发动机。

2) 简要经过

进行飞机停放试车时,左发动机悬挂(转速4600r/min,温度829℃),处理不及时,涡轮叶片全部烧坏。

3) 原因

发动机悬挂,处理不及时。

7. 案例7

1) 基本情况

事故时间:1992年5月;直接原因:起动供油活门卡滞;发生时机:地面开

车；后果：烧坏发动机。

2）简要经过

当日换季检查试车，特装专业进行限油检查时，左发热悬挂，机械师、特装师未及时观察转速变化，致使左发Ⅰ、Ⅱ级涡轮叶片距叶尖1/3处全部烧掉。

（3）原因

起动供油活门顶杆轻微锈蚀，并有卡滞痕迹。

8．案例8

1）基本情况

事故时间：1992年8月；直接原因：转速悬挂；发生时机：地面开车；后果：烧坏发动机。

2）简要经过

两机对调右发动机，装试车架试车时，单发起动右发过程中，81号机右发烧坏，Ⅰ级涡轮叶片1/3被熔化。

3）原因

中队长试车观察不细，发动机转速悬挂时，未被发现。

9．案例9

1）基本情况

事故时间：1992年10月；直接原因：插头接触不良；发生时机：地面开车；后果：烧坏发动机。

2）简要经过

更换发动机后试车时烧坏左发动机。

3）原因

左发排气温度表插头固定螺钉松动，接触不良，使指示与实际温度不符(少指)，加之判断错误，处置不当所致。

10．案例10

1）基本情况

事故时间：1993年3月；直接原因：未盖好滑油箱盖；发生时机：地面开车；后果：发动机抱轴损坏。

2）简要经过

定检中队更换双发后试车，试车5min钟时右发滑油警告灯亮，担任试车的副中队长误认为特设故障，未及时采取措施，直至发动机抱轴发出"嘭"的一声响后才关车。

3）原因

机械员检查滑油量后未盖好右发滑油箱盖，副中队长处置不及时。

11．案例 11

1）基本情况

事故时间：1994年1月；直接原因：转速悬挂；发生时机：地面开车；后果：烧坏发动机。

2）简要经过

第一个起落机械师帮助飞行员起动发动机，当双发转速1000r/min、T4在400℃左右时，转速、温度上升缓慢，推油门待温度和转速上升后，向回收油门，左发油门收不动，温度继续上升，当转速上升至2000r/min左右时悬挂，T4达800℃左右，随即听到"轰"的一声响，同时拉油门停车。经检查发现：Ⅱ级涡轮叶片全部从1/2处烧断。

3）原因

机械师观察不细，精力分配不当，处置不及时。

12．案例 12

1）基本情况

事故时间：1994年7月；直接原因：发动机超温；发生时机：地面开车；后果：烧坏发动机。

2）简要经过

地面组织飞机试车检查发动机参数。机械师试车，分队长把关。双发起动正常进入暖机后，分队长到发动机舱进行检查，发现右发动机主燃料泵下部漏油。为进一步判明漏油部位，分队长令机械师再将油门推至暖机位置，机械师回头观察时，发现喷管有火花喷出，并听到发动机有一声响，观察右发转速下降，随即关车。试车时间3min。

事后检查发现：Ⅰ级涡轮叶片、Ⅱ级导向器叶片和涡轮叶片全部烧坏。

3）原因

机械师试车时精力分配不当，只回头观察分队长检查，未注意观察仪表变化。

13．案例 13

1）基本情况

事故时间：1995年2月；直接原因：转速悬挂；发生时机：地面开车；后果：烧坏发动机。

2）简要经过

定检中队换发后第一次试车，起动后右发转速上升到1800r/min不再上升，排气温度表摆动一次后不指示，观察10s钟停车检查，发现发动机Ⅰ、Ⅱ涡轮叶片和导向器叶片烧坏。

3) 原因

右发起动回油活门锈蚀紧涩，造成热悬挂，启封后喷管有积油，试车架插头3号线虚焊，造成右发起动超温，排气温度表不指示。

14．案例14

1) 基本情况

事故时间：1995年11月；直接原因：吸入外来物；发生时机：地面开车；后果：打坏发动机。

2) 简要经过

地面试车时，分队长发现左辅助进气门网罩掉下，在捡起重新安装时，作训服衣扣被拉掉，吸入发动机后，打伤发动机。发动机一级压缩器叶片有2片叶尖处变形。

3) 原因

分队长在安装辅助进气门时作训服衣扣被拉掉，吸入进气道。

15．案例15

1) 基本情况

事故时间：1997年1月；直接原因：导弹掉地；发生时机：更换导弹；后果：导弹损坏。

2) 简要经过

二等战斗值班飞机交接拆卸导弹过程中，机务三中队负责卸右侧导弹，不慎造成导弹掉地，导弹制导舱陀螺整流罩破碎。

3) 原因

拆卸动作不协调。

16．案例16

1) 基本情况

事故时间：1997年3月；直接原因：吸入空速管套；发生时机：地面开车；后果：打坏发动机。

2) 简要经过

机务大检查，排故后试车，当转速10000r/min时，机械师听到发动机"嘭"的一声响，立即收油门停车。事后检查发现，右发动机吸入空速管套将一级压缩器叶片打伤2片。

3) 原因

机械员将空速管套取下后，放置在右主轮旁边，未采取任何栓压措施，被突然刮来的阵风吹到机头附近，吸入进气道。

17．案例 17

1) 基本情况

事故时间：1997年10月；直接原因：发动机超温；发生时机：地面开车；后果：烧坏发动机。

2) 简要经过

某日，该机结合12±1个月定期检修工作更换双发。该团定检中队副中队长负责该机定检换发工作，亲自进行试车检查，认为发动机各性能指标符合规定，涡轮惯性时间为58s，并组织完成了对该机的出厂检查。1个半月后，该机在外场进行换季检查，二中队副中队长第1次试车时发现右发动机涡轮惯性46s(规定不少于50s)。机务大队按级上报情况并给工厂发反馈。工厂维修人员来队排故，师技术部与工厂维修人员对该发共同进行分解检查发现，发动机Ⅰ级涡轮叶片轻度烧伤，Ⅱ级涡轮导向器叶片3片变形，变形的涡轮导向器叶片与涡轮轴封严蓖齿相磨。

3) 原因

装机试车过程中，发动机局部超温，使发动机轻度烧伤，导向器叶片部分变形。

4) 备注

该机换发出厂后一直未使用，到1997年12月大检查时，地面试车涡轮惯性小，误认为是故障，并立即给工厂发出了信息反馈，工厂收到信息反馈后，曾到部队进行检查，因未带外场分解工具而返回。某日，该厂再次派人到部队对该发进行分解检查，发现发动机轻度烧伤。

为查明原因，所在部队组成工作组先后找45人次谈话了解情况，查明了原因，并对有关责任人进行了严肃处理。

18．案例 18

1) 基本情况

事故时间：1999年3月；直接原因：吸入脚踏布；发生时机：地面开车；后果：打坏发动机。

2) 简要经过

试车推油门过程中，右机翼上的脚踏布被右后侧风吹起，吸入进气道打坏两台发动机。

3) 原因

右机翼上的脚踏布未系牢。

19．案例 19

1) 基本情况

事故时间：2000年5月；直接原因：吸入脚踏布；发生时机：地面开车；后

果：打坏发动机。

2) 简要经过

地面试车，检查调整发动机参数完毕冷机时，右后侧风吹起右脚踏布至进气道前沿，左发动机吸入右脚踏布后挂钩，一级压缩器叶片有22片不同程度地打伤、变形。

3) 原因

右机翼上的脚踏布未系牢。

20．案例20

1) 基本情况

事故时间：2000年7月；直接原因：碰掉工作灯引起失火；发生时机：排故；后果：烧伤飞机。

2) 简要经过

团修理厂在机库组织对飞机机排故，因光线较暗，接上工作灯(27V)，代理机械师在安装下减速扳动作筒固定销时，碰掉挂在发动机舱隔框上的工作灯，灯泡爆破引起地面接油盘内的杂油起火，火及时被扑灭，飞机左机翼、左后襟翼下部部分蒙皮和发动机舱下部26框左侧蒙皮烤伤局部变形，后机身左侧28至35框有0.5m²左右蒙皮被熏伤。

3) 原因

代理机械师在安装下减速扳动作筒固定销时，碰掉挂在发动机舱隔框上的工作灯，灯泡爆破引起地面接油盘内的杂油起火。

21．案例21

1) 基本情况

事故时间：2000年11月；直接原因：转速悬挂；发生时机：地面开车；后果：烧坏发动机。

2) 简要经过

预先机务准备，更换左、右放气窗动作筒后，试车检查密封性，起动过程中发动机"热悬挂"，处置不及时，超温烧坏发动机。

3) 原因

见习机械师发现和处置特情能力弱，在场组织的分队长指挥不力，把关不严造成的。

22．案例22

1) 基本情况

事故时间：2002年6月；直接原因：发动机超温；发生时机：地面开车；后果：烧坏发动机。

2）简要经过

团修理厂更换双发后启封，试车过程中烧坏发动机。

3）原因

试车人与调整人配合协调不好，在加速回油活门放气嘴未拧下、工具未取出情况下盲目推油门；试车人精力分配不当，未及时发现发动机超温。

23．案例 23

1）基本情况

事故时间：2004年4月；直接原因：吸入炮套；发生时机：地面开车；后果：打坏发动机。

2）简要经过

地面试车过程中吸入炮套打坏发动机。

3）原因

修理厂副厂长取下炮套放在机头左侧前方约7.5m处的水泥台上,用扳手压置不牢靠,被阵风吹起吸入进气道打伤发动机叶片(一级压缩器25片叶片打伤)。

24．案例 24

1）基本情况

事故时间：2004年9月；直接原因：导弹头部滑落触地；发生时机：更换导弹；后果：摔坏导弹。

2）简要经过

某号值班飞机串换导弹。拆下导弹抬往另一架飞机过程中，导弹导引头整流罩破碎，位标器受损。

3）原因

军械员抱住导弹头部时因手指被导弹头部活动翼翼根缝隙夹住，产生条件反射松手，致使导弹头部滑落触地。

4）备注

该问题暴露出该单位规章制度不落实、安全警惕性不高、安全整顿走过场等问题，教训极为深刻。

25．案例 25

1）基本情况

事故时间：1990年4月；直接原因：转速悬挂；发生时机：地面开车；后果：烧坏发动机。

2）简要经过

换季检查时，机械员发现左发Ⅰ级涡轮导向叶片全部烧坏。

某日该机停放检查试车，第一次起动左发转速悬挂在1400r/min，机械师推油门，温度升至790℃，收油门控制不住，停车。冷开车后，再次起动，左发转速悬挂在2000r/min，温度迅速上升，有超温趋势，停车。担任试车把关的代理分队长向中队长报告左发起动不起来，中队长说拉回停机坪检查。结果中队长和机组都未检查。此后，该机一直停放，直到这次才被发现。

3) 原因

试车时，处置不当。

6.4 错忘漏导致的航空维修差错

6.4.1 错忘漏导致的严重航空维修差错

1) 基本情况

事故时间：1998年8月；直接原因：油箱盖未盖好；发生时机：地面开车；后果：烧毁飞机。

2) 简要经过

地面试车，当双发转速在9000r/min时，突然听到左发动机舱一声闷响，随即起火，火势较大，无法抢救，飞机烧毁，无人员伤亡。

3) 原因

未盖好右发滑油箱口盖，致使滑油外溢，导致滑油燃烧，一、二、三煤油箱燃爆。

6.4.2 错忘漏导致的一般航空维修差错

1. 案例 1

1) 基本情况

事故时间：1990 年 2 月；直接原因：电筒遗忘进气道内；发生时机：飞行开车；后果：打坏发动机。

2) 简要经过

夜航第四个起落，起动后发动机声音异常，喷口喷火，停车。经检查，左发压缩器一级叶片严重变形，二级叶片 2 片有缺口。

3) 原因

见习机械师放空速管时，随手将电筒放在左进气道内，遗忘。发现电筒不见后，报告机械师，该机械师认为可能掉在着陆线了，未认真查找，致使电筒被吸入发动机。

2．案例2

1）基本情况

事故时间：1990年8月；直接原因：忘装热电偶；发生时机：地面开车；后果：烧坏发动机。

2）简要经过

油封前起动，温度表不指示，停车检查发现Ⅰ、Ⅱ级涡轮烧变形。

3）原因

忘装热电偶，机械师盲目起动所致。热电偶是定检中队漏装，机组又没有复查。

3．案例3

1）基本情况

事故时间：1990年8月；直接原因：保险销未系牢；发生时机：地面开车；后果：打坏发动机。

2）简要经过

飞行前试车时，将座椅保险销吸进发动机，致使辅助进气门防尘网变形，一级压缩器叶片严重打伤。

3）原因

飞机左侧辅助进气门未盖好，座椅弹射程控机构10号保险销未系牢，被吸入发动机。

4．案例4

1）基本情况

事故时间：1991年4月；直接原因：吸入中炮套；发生时机：地面开车；后果：打坏发动机。

2）简要经过

4中队在进行某飞机12±2个月周期检查中，排除左发转速表故障后试车，当发动机转速10000r/min时，吸入中炮套，发动机被打伤，一级压缩器叶片有9片尖部变形、二级叶尖前缘倾斜约10°。

3）原因

试车前机械师未检查，副中队长未复查。

5．案例5

1）基本情况

事故时间：1992年4月；直接原因：解刀留在进气道内；发生时机：地面开车；后果：打坏发动机。

155

2) 简要经过

中队长进行地面试车起动后，声音异常，停车检查发现左发被一把大一字解刀打坏。

3) 原因

该机械师检查左发压缩器后，将解刀留在进气道内。中队长试车前检查不细，未能发现。

6．案例6

1) 基本情况

事故时间：1992年7月；直接原因：吸入座舱盖布；发生时机：地面开车；后果：打坏发动机。

2) 简要经过

进行 10±5 天停放试车，试车前机械师未按规定取下座舱盖布，试车时座舱盖布左前侧系留布带从辅助进气门正上方处吸入进气道，打坏发动机。

3) 原因

试车前机械师未按规定取下座舱盖布，分队长未检查。

7．案例7

1) 基本情况

事故时间：1992年8月；直接原因：吸入炮套；发生时机：地面开车；后果：打坏发动机。

2) 简要经过

机械员排除右发液压泵故障试车时，忘取中炮套，机械师未检查，致使试车时中炮套吸入右发，造成右发一级压缩器叶片两片变形，二级叶片变形，发动机返厂。

3) 原因

试车时机械员未取中炮套，机械师未检查，吸入中炮套，打坏发动机。

8．案例8

1) 基本情况

事故时间：1992年8月；直接原因：电筒忘在进气道内；发生时机：地面开车；后果：打坏发动机；分类：错忘漏。

2) 简要经过

定检排故，更换左发主泵后试车，起动过程中机械师听到发动机声音异常，立即关车，经检查系一个手电筒卡在左发一级压缩器内，导致两片叶片变形。

3) 原因

机械师试车前检查左发压缩器时，将手电筒遗忘在进气道内。

9．案例 9

1）基本情况

事故时间：1992 年 9 月；直接原因：碰掉弹射筒撞针控制臂；发生时机：脱装座椅；后果：座椅弹射弹走火。

2）简要经过

机务大检查，军械员装座椅时，滑轮未对准滑轨，调整座椅状态时，将弹射筒撞针控制臂碰掉，造成弹射弹走火，座椅弹离飞机约 2m，落在发动机舱盖上，舱盖变形、座椅掉地、军械员受轻伤。

3）原因

军械员装座椅时，将弹射筒撞针控制臂碰掉，造成弹射弹走火。

10．案例 10

1）基本情况

事故时间：1993 年 1 月；直接原因：解刀留在进气道内；发生时机：地面开车；后果：打坏发动机。

2）简要经过

飞机地面试车将发动机打坏。

3）原因

机械师检查飞机时，将一字解刀遗留在进气道内，副中队长检查未发现。

11．案例 11

1）基本情况

事故时间：1993 年 10 月；直接原因：吸入炮套；发生时机：地面开车；后果：打坏发动机。

2）简要经过

节后检查，某飞机试车中，当油门推至 10000r/min 时，中炮套吸入右发进气道，将右发动机压缩器一级叶片全部打坏。

3）原因

未按规定系绳，试车前未取下中炮套。

12．案例 12

1）基本情况

事故时间：1993 年 10 月；直接原因：吸入外来物；发生时机：地面开车；后果：打坏发动机。

2）简要经过

地面双发试车时，当左发进入最大后，听到发动机"嘭"的一声响，停车后检查发现左发压缩器一级叶片 1 片严重变形、3 片轻微变形。

3) 原因

雷达天线罩左侧后部玻璃布裂纹掉块，吸入进气道所致。

13．案例 13

1) 基本情况

事故时间：1994 年 3 月；直接原因：外物遗留在进气道内；发生时机：地面开车；后果：打坏发动机。

2) 简要经过

地面更换发动机试车时，将进气道内一多余螺钉吸入发动机，打坏 23 片压缩器叶片。

3) 原因

机械师未按规定检查进气道，中队干部未复查把关。

14．案例 14

1) 基本情况

事故时间：1994 年 8 月；直接原因：吸入外来物；发生时机：地面开车；后果：打坏发动机。

2) 简要经过

换双发试车，在检查并联供电时，分队长听到"嘭"的一声响，立即停车。检查发现右发一级压缩器叶片全部打坏，二、三级叶片部分打坏。

3) 原因

初步判断是外来物打伤。

15．案例 15

1) 基本情况

事故时间：1994 年 11 月；直接原因：错按应急投放按钮；发生时机：通电检查；后果：误投副油箱。

2) 简要经过

组织飞行，某飞机从着陆线牵引到起飞线后，两个副油箱投掉。

3) 原因

机械师通电放减速伞时，错按应急投放按钮，误将两个副油箱投掉。

16．案例 16

1) 基本情况

事故时间：1995 年 1 月；直接原因：吸入炮套；发生时机：地面开车；后果：打坏发动机。

2) 简要经过

机务三中队组织对担负二等战斗值班的某飞机地面试车。机械师推油门暖机时，分队长发现右副油箱加油口盖渗油，令机械员拿扳手拧紧，并用手势示意机械师停车，当机械师收油门至慢车位置时，军械员误认为发动机已停车，急忙去套炮套，当军械员走到左翼根时，炮套吸入左发动机，导致发动机一级压缩器叶片打伤 6 片、二、三级压缩器叶片各有 8 片和 9 片变形。

3) 原因

军械员误认为发动机已停车，套炮套时炮套吸入发动机。

17．案例 17

1) 基本情况

事故时间：1995 年 1 月；直接原因：解刀遗留在进气道内；发生时机：飞行开车；后果：打坏发动机。

2) 简要经过

昼间飞行。某飞机第一个起落起动完毕后，飞行员推油门检查发动机工作情况，当左发转速达 9100r/min 时，忽听一声响，飞行员迅速收油门停车。事后检查发现：左发动机能看到的压缩器叶片和整流叶片均被打伤，一级压缩器叶片有一片在距叶尖 1/3 处折断，压缩器机匣上有三个直径分别为 10cm、2cm 和 1cm 的洞，涡轮叶片也有损伤，喷管内有大量"挂铝"。

3) 原因

机械员在飞行前检查时，将一把一字解刀遗忘在飞机左侧进气道内，开车时将解刀吸入。

18．案例 18

1) 基本情况

事故时间：1995 年 11 月；直接原因：地面保险销吸入进气道；发生时机：飞行后；后果：打坏发动机。

2) 简要经过

第三个起落着陆滑行至起飞线关车后(未停车)，机械员按规定盖辅助进气门网罩时，将异物带入进气道，打坏发动机，造成一级压缩器叶片 8 片打伤、3 片变形。

3) 原因

机械员未检查网罩内有无多余物，致使两个地面保险销吸入进气道。

19．案例 19

1) 基本情况

事故时间：1996 年 2 月；直接原因：吸入炮套；发生时机：地面开车；后果：打坏发动机。

2) 简要经过

担任战斗值班任务的某飞机进行雪后试车，暖机时将中炮套吸入右发动机进气道内，打伤一级压缩器叶片2片。

3) 原因

试车前，机组人员忘取中炮套，在场干部未能及时把关。

20．案例 20

1) 基本情况

事故时间：1996 年 3 月；直接原因：外物遗留在进气道内；发生时机：地面开车；后果：打坏发动机。

2) 简要经过

飞行前组织试车，在 n_1 为 90%工作 2min，一切正常。收油门停车后，发现尾喷口内有纸屑。经检查是吸入了机组工作日记所致。

3) 原因

机械日，机械师将工作日记遗留在进气道内，试车前未认真检查进排气装置，分队长未把住关。

21．案例 21

1) 基本情况

事故时间：1996 年 4 月；直接原因：吸入外来物；发生时机：地面开车；后果：打坏发动机。

2) 简要经过

在进行飞机 300h、发动机 100h 定检开车时，吸入前起落架安装轴左、右堵盖，打坏发动机一级压缩器叶片 6 片，二、三级叶片多片。

3) 原因

机械师未安装好前起落架安装轴左、右堵盖，干部未进行复查把关。

22．案例 22

1) 基本情况

事故时间：1996 年 7 月；直接原因：吸入外来物；发生时机：地面开车；后果：打坏发动机。

2) 简要经过

夜航飞行，飞行员进座舱后开车，当右发推到 11150r/min 时，听到"嘭"的一声响，随即停车。地面检查发现：右发动机第一级压缩器叶片多片变形。

3) 原因

雷达天线罩右侧玻璃丝布破裂 20mm×25mm，内部的"吸波胶皮"被吸入右进气道，打坏发动机。

23．案例 23

1) 基本情况

事故时间：1996 年 9 月；直接原因：解刀插在溢流槽内；发生时机：地面开车；后果：打坏发动机。

2) 简要经过

机务中队长在排除右发悬挂故障后进行试车，当右发进入加力时，听到一声爆响，立即关车。事后检查发现，右发第一级压缩器叶片全部打伤，后几级多片打伤变形，涡轮叶片、喷管挂铝。

3) 原因

机械员将解刀插在溢流槽内，组织试车的中队长复查飞机时未能发现，导致试车时将解刀吸入进气道打坏发动机。

24．案例 24

1) 基本情况

事故时间：1997 年 3 月；直接原因：外物遗留在进气道内；发生时机：地面开车；后果：打坏发动机。

2) 简要经过

飞机质量大检查中，发现左发压缩器叶片多片打坏。

3) 原因

定检换发时，未发现掉入在压缩器进气支板处的螺帽、垫片，装机后，试车打坏发动机。

25．案例 25

1) 基本情况

事故时间：1997 年 8 月；直接原因：平口钳遗留在进气道内；发生时机：地面开车；后果：打坏发动机。

2) 简要经过

某日，机械师检查飞机进气装置时，发现右进气道一铆钉松动。第 2 日机械日，机械师用平口钳取松动的铆钉，因未取出，将平口钳放在进气道内，出进气道后，配合副中队长试车，副中队长试车前也未检查进气道，导致试车时吸入平口钳，打坏发动机。

3) 原因

机械师在排除进气道铆钉松动故障时，将平口钳忘在进气道内，试车前未检查进气道和清点工具。干部未复查。

26．案例 26

1) 基本情况

事故时间：1997 年 10 月；直接原因：吸入外来物；发生时机：地面开车；

后果：打坏发动机。

2) 简要经过

某日，某训练基地修理厂在进行某团某飞机中修并换发后试车，再次检查后发现发动机一、二级压缩器叶片有不同程度的打伤变形。

3) 原因

试车时遗留在辅助进气门网罩内的外来物吸入进气道，打坏发动机。

27．案例 27

1) 基本情况

事故时间：1998 年 4 月；直接原因：吸入外来物；发生时机：地面开车；后果：打坏发动机。

2) 简要经过

换季大检查，机务四中队在更换左发滑油箱试车前，机械师检查进排气装置时，发现左发一级压缩器叶片有 12 片不同程度的打伤，打伤面积在 1mm×0.5mm～1mm×2mm。

3) 原因

分析认为：修理人员在铆接该机无线电设备舱网罩过程中，将铆钉之类硬质物遗留在进气道内，外场机械师第 2 日下午按换季内容试车，开车前未按规定检查进气道，分队长也未复查把关，导致试车中打坏发动机。

28．案例 28

1) 基本情况

事故时间：1999 年 1 月；直接原因：螺钉遗留在辅助进气门内；发生时机：地面开车；后果：打坏发动机。

2) 简要经过

换发后试车，吸入螺钉，导致发动机一、二级压缩器叶片多片打伤变形。

3) 原因

定检换发中，将一油泵检查口包皮盖螺钉遗留在辅助进气门网罩内，试车前未发现。

29．案例 29

1) 基本情况

事故时间：1999 年 2 月；直接原因：错按军械应急投放按钮；发生时机：通电检查；后果：摔坏两枚 PL-5 乙导弹。

2) 简要经过

检查副油箱助投电路时，错按军械应急投放按钮，导致两枚 PL-5 乙导弹掉地摔坏。

3) 原因

错按军械应急投放按钮。

30．案例 30

1) 基本情况

事故时间：1999 年 3 月；直接原因：扳手留在进气道内；发生时机：地面开车；后果：打坏发动机。

2) 简要经过

试车时左发声音异常，关车后检查发现左发压缩器一至八级叶片不同程度打伤，喷口挂铝。

3) 原因

机械师在排除左发故障后，将一开口扳手遗留在进气道分流隔板上。

31．案例 31

1) 基本情况

事故时间：2003 年 1 月；直接原因：进气道遗留物；发生时机：地面开车；后果：打坏发动机。

2) 简要经过

某日，进行飞机停放工作时检查发现，发动机第一级压缩器全部叶片和第二级压缩器 15 片叶片打伤变形。

3) 原因

地面试车时，机务人员检查不细，进气道遗留物打伤发动机。

6.5　组织计划不周导致的航空维修差错

6.5.1　组织计划不周导致的严重维修差错

1．案例 1

1) 基本情况

事故时间：1990年11月；直接原因：人被吸入发动机；发生时机：地面开车；后果：亡1人、打伤发动机。

2) 简要经过

试飞后试车排故，试加力时，将担任警戒的机械师吸入发动机。该机械师当场休克，被送往医院，抢救无效死亡。

3) 原因

将担任警戒的机械师吸入发动机。

2．案例2

1）基本情况

事故时间：1998年1月；直接原因：人被吸入进气道；发生时机：地面开车；后果：打坏发动机、重伤1人。

2）简要经过

元旦开飞大检查，机务二中队组织3架某型飞机进行地面试车。特设分队长检查完15号机并联供电后，到20号机上将检查仪接好后，回到20号机前时，因疏于观察被吸入进气道，试车的机械师听到发动机"嘭"的一声响后，立即将双发油门收到停车位置。事后检查，特设分队长受重伤，右发动机损伤。

3）原因

特设分队长违反试车规定；中队长组织不力；警戒员没有切实履行岗位职责。

6.5.2　组织计划不周导致的一般维修差错

1．案例1

1）基本情况

事故时间：1990年6月；直接原因：滑油滤未装好；发生时机：地面开车；后果：烧坏发动机。

2）简要经过

定检中队副中队长地面试车将发动机烧坏。

3）原因

该机进行飞机、发动机双100小时定检时，滑油滤未装好，致使滑油漏光。试车前，由于组织混乱，在没人检查滑油量的情况下，违章试车，导致发动机烧坏。

2．案例2

1）基本情况

事故时间：1991年7月；直接原因：路上有稻谷；发生时机：发动机运输；后果：摔坏发动机。

2）简要经过

定检中队更换发动机，新发动机吊出后拉回机库，下坡中发动机托车左前轮陷入路边晒的稻谷，惯性使发动机重心改变托车掀起，右后侧接耳固定螺栓折断，发动机坠地损坏。

3）原因

负责现场指挥的副中队长明知路上有稻谷，未采取有效措施。

3．案例 3

1) 基本情况

事故时间：1991 年 8 月；直接原因：吸入外来物；发生时机：地面开车；后果：打坏发动机。

2) 简要经过

为某团某飞机更换发动机，试车中右发第一、四级压缩器各 2 片被打坏。

3) 原因

由于场地打扫不彻底，开车后吸入外来物。

4．案例 4

1) 基本情况

事故时间：1993 年 3 月；直接原因：挡槽修反、钢索固定不牢；发生时机：地面开车；后果：飞机冲出受损。

2) 简要经过

1 中队进行换发后试车，见习机械师在座舱试车，分队长在飞机左侧检查，机械员担任警戒，按规定放好轮挡，拴好系留钢索。当油门推至全加力时，飞机右侧钢索拉脱，左边拉断，飞机前冲 30m，跃过停机坪，机身前部掉入一沙坑内，飞机损伤，未造成人员受伤。

飞机、发动机损伤情况：

(1) 发动机一级压缩器叶片全部打坏；

(2) 飞机前整流罩左侧向内凹陷长 5cm～6cm、宽 40cm，空速管报废。

3) 原因

专用试车场地轮挡槽修反，不起作用；系留钢索固定不牢；机械师处置不当，分队长把关不力。

5．案例 5

1) 基本情况

事故时间：1993 年 8 月；直接原因：吸入外来物；发生时机：地面开车；后果：打坏发动机。

2) 简要经过

4 中队排除某飞机右发十字架裂纹故障试车后检查时，发现左发动机压缩器叶片被打伤。其中，左发一、二级压缩器叶片各有 3 片、四级压缩器叶片有 2 片被打伤。

3) 原因

试车时未认真清扫进气道前方的道面，导致左发吸入外来物打伤叶片。

6. 案例 6

1) 基本情况

事故时间：1996 年 2 月；直接原因：发动机超温；发生时机：地面开车；后果：烧坏发动机。

2) 简要经过

预先机务准备，发动机进行地面试车，试车人团司令部副参谋长、左座机务中队长，按顺序起动一、四、三发正常。当起动二发转速 43%时悬挂，排气温度 680℃，转速出现下降趋势后，立即关车。再次起动失败原因同上。第三次起动成功后，试车过程中发现扭力表故障，更换扭力表后，又连续出现两次起动失败，机组判断起动贫油，顺调燃调 17 号螺钉 2 响后，第六次起动成功，起动温度 640℃。当推油门 50° 时，该发扭力指示迟缓，表指 10(正常 40)kg/cm², 机组判断发动机工作异常，随即关车，停车惯性时间 75s(正常 60s)。经检查发现，发动机Ⅲ级涡轮叶片有打伤痕迹，尾喷口内有少量金属碎块，螺旋桨扳不动。初步判断发动机内部损坏，该发作停用处理，并向上级和工厂通报了情况。

某日，某航空动力机械公司及驻厂军代表室派人到部队，对该发动机进行了初步检查。20 日后，空军某厂也派人到部队对该发动机排气温度指示系统进行了检查，没有发现异常。

鉴定意见如下：

(1) 发动机经分解检查鉴定，压气机、涡轮和燃烧室部件装配正常，没有发现异常现象。减速器、附件传动机构转动灵活。

(2) 根据南方航空动力机械公司冶金分析，涡轮叶片材质符合技术条件规定。发动机涡轮部件损坏是超温烧损所致。

(3) 发动机可以进行修复。

3) 原因

机组违反操纵程序，在没有确实查明发动机起动不成功原因的情况下，连续 6 次盲目起动,导致发动机超温烧坏涡轮叶片等高温部件。

7. 案例 7

1) 基本情况

事故时间：1996 年 6 月；直接原因：吸入外来物；发生时机：地面开车；后果：打坏发动机。

2) 简要经过

某日，该机定检后进行试车(试车后未检查进气装置)，第 3 日外场中队在接收该机检查时，发现左发一、二级压缩器叶片多片打伤。

3) 原因

试车前试车场地清扫不彻底，吸入外来物打伤发动机；分队长复查把关不力。

8. 案例 8

1) 基本情况

事故时间：1996 年 7 月；直接原因：吸入外来物；发生时机：地面开车；后果：打坏发动机。

2) 简要经过

定检换发出厂，外场中队机务地面检查时，发现该机右发压缩器一、二级叶片各 1 片，三级叶片 4 片被打伤变形。

3) 原因

定检中队换发后试车时，未认真清扫场地，致使场道缝隙中的沥青碎石被吸入发动机内。

9. 案例 9

1) 基本情况

事故时间：1997 年 4 月；直接原因：未控制发动机油封期；发生时机：地面保管；后果：发动机油封超期。

2) 简要经过

1996 年 6 月某日，根据空装《关于部分涡喷六发动机停用事》传真报通知要求，该团机务大队将涉及范围内的某飞机右发拆下油封，交大足场站航材股保管，等候处理。6 个月后的 1996 年 12 月某日，根据空装《关于恢复部分涡喷六发动机使用事》传真精神，将该发列入备份发动机进行控制。1997 年 4 月，到大足场站航材股提取该发准备装机时，发现其已超过油封期限六个月，经技术鉴定确定已不能继续使用，损失寿命 55 小时 30 分。

3) 原因

这起地面事故完全是由于工作失职、规章制度不落实造成的。机务大队质控室没有认真落实《空军航空发动机管理规定》，没有按规定对地面发动机油封期建立控制，导致失控。

10. 案例 10

1) 基本情况

事故时间：1998 年 6 月；直接原因：吊装钢索前后装反；发生时机：换发；后果：损伤发动机。

2) 简要经过

机务三中队副中队长组织人员更换左发动机，在起吊新发动机时，发现吊装钢索前后装反，此时，支架上的 4 个固定点已拆开 3 个，为重新安装钢索，副中队长组织将左后侧固定点拆开，在拆卸过程中，发动机向右侧下沉，致使发动机右侧前锋装置壳体与箱内支架相碰，造成壳体产生一道 12cm 长的穿透性裂纹。

3) 原因

机务人员在起吊新发动机时，将吊装钢索前后装反，重新安装过程中，协调不好。

11. 案例 11

1) 基本情况

事故时间：2001 年 10 月；直接原因：钢索断裂；发生时机：换发；后果：摔伤发动机。

2) 简要经过

换发动机过程中，发动机吊起 10cm 时，吊车吨位调整钢索突然断裂，发动机坠落受损。经检查，发动机加力燃烧室外环上、下部各有 1 处压坑，最深处 11mm，燃烧室下部有 2 处压伤，最深处 5mm，其他部位有 6 处轻微压伤或变形。暴露出该单位在维修保障工作中存在着安全敏感性不强，对地面保障设备保养不善，维修现场组织不严，检查不细等问题。

3) 原因

吊车吨位调整钢索断裂。

参 考 文 献

[1] James Reson, Alan Hobbs 著. 维修差错管理. 徐建新，贾宝惠，等译. 北京：中国民航出版社，2007.

[2] 王端民. 航空维修质量与安全管理. 北京：国防工业出版社，2008.

[3] 王计宪. 军用航空装备维修安全. 北京：航空工业出版社，2009.

[4] 王端民. 航空维修保障安全管理理论及应用. 空军工程大学工程学院，2011.

[5] 张执国. 空军装备安全管理. 空军工程大学，2010.

[6] 杨家忠，张侃，航空维修差错分析及其管理. 中国安全科学学报，2004，(2).

[7] 张隽. 论人为差错及其防范措施. 中国民航学院学报，2004，(6).

[8] 王卫旭，雷晓凌. 航空维修人为差错理论分类和对比研究. 航空维修与工程，2011，(6).

[9] 罗云，程五一.现代安全管理.北京：化学工业出版社，2004.

[10] 金龙哲，宋存义.安全科学原理.北京：化学工业出版社，2004.

[11] 祁元福.世界航空安全与事故分析(第二集).北京：中国民航出版社，1998.

[12] 杨春生，孟昭蓉.危险的 11 分钟.北京：中国民航出版社，2000.

[13] 班永宽. 航空事故与人为因素. 北京：中国民航出版社，2002.

[14] 张玉东，等.历史的教训.北京：空军飞行安全局内部出版，2004.

[15] 常占利. 嵌套安全管理学.北京：中国劳动社会保障出版社，2005.

[16] 陈宝智. 安全原理. 北京：冶金工业出版社，2004.

[17] 左东红，贡凯青. 安全系统工程. 北京：化学工业出版社，2004.

[18] 欧阳文昭，廖可兵. 安全人机工程学. 北京：煤炭工业出版社，2002.

[19] 隋鹏程，陈宝智. 安全学原理. 北京：化学工业出版社，2005.

[20] 丘勇. 对国外人为因素理论的再认识. 世界民航，2003，(12).